U0283086

CUPCAKES
& MINI CAKES

Cupcakes

杯子蛋糕 & 迷你蛋糕

100余种小型蛋糕和
棒棒糖蛋糕的做法

Minicakes

英国DK出版社 著
张新奇 译

中国轻工业出版社

Penguin
Random
House

A Dorling Kindersley Book
www.dk.com

Original Title: Cupcakes & Mini Cakes

图书在版编目（CIP）数据

杯子蛋糕&迷你蛋糕／英国DK出版社著；张新奇译.—北京：中国轻工业出版社，2017.5
ISBN 978-7-5184-1340-9

Ⅰ.①杯… Ⅱ.①英… ②张… Ⅲ.①蛋糕－糕点加工 Ⅳ.①TS213.23

中国版本图书馆CIP数据核字（2017）第056512号

责任编辑：李亦兵　钟　雨
策划编辑：李亦兵　　责任终审：劳国强
版式制作：锋尚设计　责任校对：晋　洁
封面设计：奇文云海　责任监印：张　可

出版发行：中国轻工业出版社（北京东长安街6号，邮编：100740）
印　　刷：鸿博昊天科技有限公司
经　　销：各地新华书店
版　　次：2017年5月第1版第1次印刷
开　　本：889×1194　1/16　　印张：16
字　　数：250千字
书　　号：ISBN 978-7-5184-1340-9
定　　价：98.00元
邮购电话：010-65241695　传真：65128352
发行电话：010-85119835　85119793
传　　真：85113293
网　　址：http://www.chlip.com.cn
Email：club@chlip.com.cn
如发现图书残缺请直接与我社邮购联系调换
161064S1X101ZYW

A WORLD OF IDEAS:
SEE ALL THERE IS TO KNOW

www.dk.com

目录

庆典类蛋糕

巧克力香草无比派
124页

蓝莓开心果天使杯子蛋糕
72页

树莓马卡龙
200页

香蕉巧克力碎乳酪小蛋糕
110页

杯子蛋糕花束
100页

咖啡之吻曲奇
172页

樱桃燕麦薄饼
156页

橙子柠檬杯子蛋糕
76页

蝴蝶繁花杯子蛋糕
96页

婚礼迷你蛋糕
128页

草莓松饼
122页

白巧克力夏威夷果金黄蛋糕
146页

椰子白巧克力雪球蛋糕
134页

香草杯子蛋糕
66页

假日早午餐

柠檬蓝莓玛芬蛋糕
94页

肉桂蝴蝶酥
192页

十字面包
246页

丹麦包
196页

巧克力面包
244页

开心果橙子小饼干
186页

苹果玛芬蛋糕
62页

杏仁牛角包
228页

杏仁可颂
248页

肉桂卷
230页

甜杏丹麦包
216页

小朋友最爱

万圣节棒棒糖蛋糕

139页

翻糖小方糕

118页

巧克力榛子布朗尼蛋糕

166页

巧克力太妃酥饼

174页

巧克力杯子蛋糕

60页

太妃布朗尼蛋糕

148页

树莓燕麦薄饼
178页

海盗棒棒糖蛋糕
140页

枣泥燕麦薄饼
152页

圣诞棒棒糖蛋糕
138页

核桃小蛋糕
116页

樱桃椰子杯子蛋糕
80页

巧克力蛋糕

松露巧克力
202页

巧克力香橙泡芙塔
238页

巧克力玛芬蛋糕
78页

巧克力熔岩蛋糕
106页

巧克力蝴蝶酥
206页

巧克力软糖蛋糕球
132页

巧克力饼干蛋糕
184页

三重巧克力脆棒
170页

巧克力杯子蛋糕
60页

下午茶

咖啡核桃杯子蛋糕

84页

巧克力蝴蝶酥

206页

白巧克力蛋糕

104页

树莓柠檬杏仁饼

162页

草莓奶油无比派

108页

佛罗伦萨薄饼

158页

草莓奶油杯子蛋糕
92页

甜杏酥饼
168页

青柠杯子蛋糕
70页

浆果杏仁蛋糕
88页

法式奶油树莓挞
194页

柑橘马卡龙
224页

餐后点心

巧克力脆片
182页

苹果太妃蛋糕
164页

白巧克力蛋糕
104页

酸樱桃巧克力布朗尼蛋糕
176页

泡芙塔
220页

苹果杏仁格雷派
242页

摩卡咖啡蛋糕
154页

香蕉巧克力酱脆粒挞
204页

太妃布丁
120页

椰子奶油挞
212页

原材料、工具与制作技巧

烘焙原料

理解烘焙原料及其使用方法，可以提高你的烘焙技术。
要仔细称量原料，不要混淆公制和英制单位。

原料	选择	使用方法
黄油	含盐及无盐黄油均可用于烘焙。本书更推荐使用无盐黄油，但最终仍取决于你对产品口感的要求以及你是否要减少膳食中的含盐量。不同品种黄油的含盐量不同，请查看产品标签。含盐黄油可以在你将其从冰箱中取出到黄油盘之后保存更长时间。	含盐及无盐黄油，用于蛋糕及其他焙烤产品。需要使用软化的黄油（在室温下软化）。在搅拌时，黄油中的脂肪可以持有大量空气，使得产品更加蓬松。
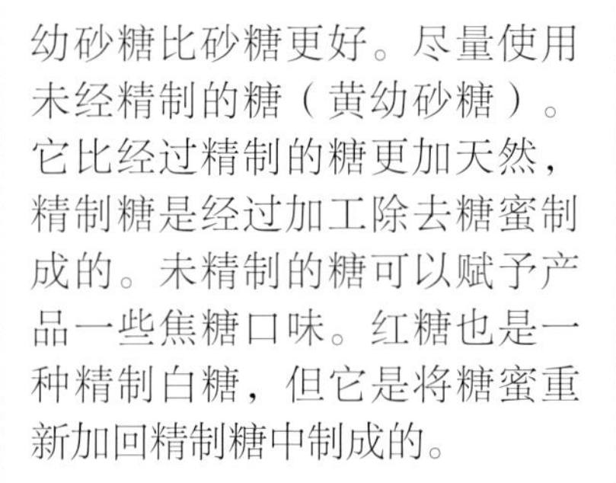 糖	幼砂糖比砂糖更好。尽量使用未经精制的糖（黄幼砂糖）。它比经过精制的糖更加天然，精制糖是经过加工除去糖蜜制成的。未精制的糖可以赋予产品一些焦糖口味。红糖也是一种精制白糖，但它是将糖蜜重新加回精制糖中制成的。	如果可能的话，尽量使用未精制的幼砂糖制作蛋糕。白糖和红糖具有同样的甜度，但红糖能够赋予产品湿润的口感。
 泡打粉	泡打粉是一种在焙烤产品中使用的膨松剂。它是由小苏打（碳酸氢钠）与塔塔粉混合而成，是一种天然膨松剂。它与小苏打不同，因其不含有塔塔粉。这两种物质不可互换使用。要检查泡打粉的保质期，因为超期产品的使用效果会减退。	泡打粉用于制作蛋糕和饼干。如果你的食谱需要用到自发粉而你手边没有，可以在普通面粉中添加泡打粉（每225克面粉添加4茶匙）。

原料	选择	使用方法
 面粉	与高筋粉不同，普通面粉与自发粉的面筋含量很少。市面上有很多面粉可以用于无小麦或无麸质膳食，例如，大米面粉、栗子粉和马铃薯粉。如果使用这类面粉，需要查询专用的食谱，此类食谱与使用普通面粉的食谱不可替换使用。	过筛的普通面粉或自发粉，可以用于蛋糕和焙烤产品。加入面粉之后不可过度搅拌。面筋会强化从而得到紧实的产品结构。这就是加入面粉的原因。
 鸡蛋	选用有机或散养的鸡蛋，可以提升蛋糕的口味和质量。	在室温下使用。如果从冰箱中拿出来就使用，会使黄油的温度降低，使其凝固。

图示含义

本书的食谱配有图示，对需要注意的重点事项进行提示。

刀叉图案：告诉你按该食谱制作的产品可供食用的人数，或该产品的制作数量。

时钟图案：提示你准备和制作产品的时间。你还能够在此处看到一些其他工序额外所需的时间，例如，冷冻、浸渍或发酵。仔细阅读食谱并确认你需要多少额外时间。

蒸锅图案：此图案表示需要使用特殊器具，例如，烤盘或特殊模具。在可能的情况下，我们会列出可以替换的器具。

雪花图案：此图案提示了关于产品冷冻保藏的一些信息。

器材

烘焙

方形/圆形烤盘
根据你制作的产品，你需要高品质的无柄烤盘，可以用它烤出美味的蛋糕。

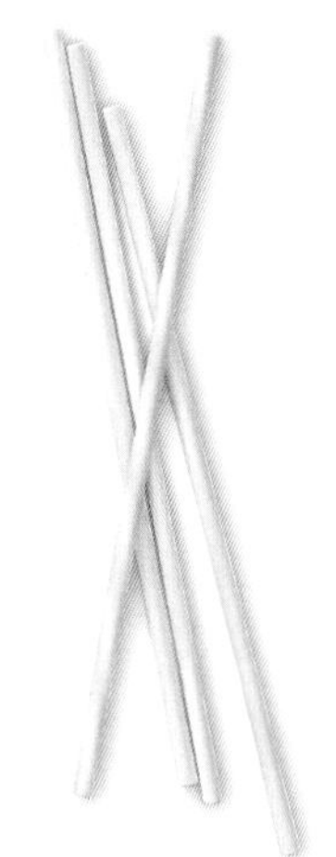

棒棒糖蛋糕柄
它有许多种颜色和尺寸。使用时请务必注意食品安全。

量匙
制作完美蛋糕所需的必要器材。

棒棒糖蛋糕模具
这种烤模是对烘焙市场的一个很好补充。使用前需要仔细做好润滑，并且在脱模之前把棒棒糖蛋糕放置在凉爽的地方。

蛋糕冷却架
在每种产品制作工艺中，都需要使用冷却架来冷却蛋糕和杯子蛋糕。将蛋糕在烤盘中冷却10分钟，然后取出。

杯子蛋糕纸杯

纸杯并不只在烘焙过程中起到支撑作用，也有助于烘托呈现蛋糕的主题！

杯子蛋糕模

小型与全尺寸的杯子蛋糕通常需要使用好的模具。使用时需要选择合适的内衬。

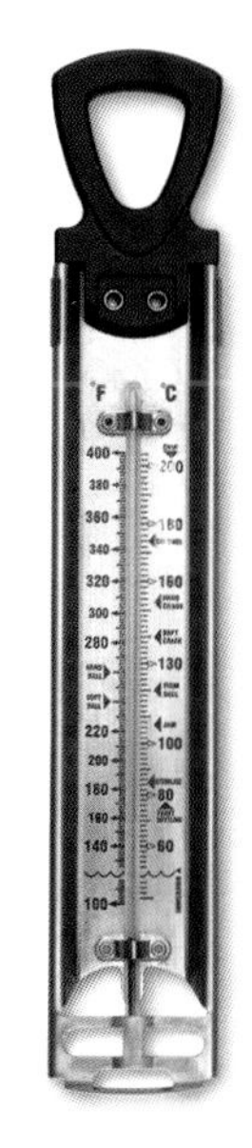

糖艺温度计

如果你需要制作复杂的蛋白糖霜或需要对巧克力加温，你就需要使用温度计来确保其达到准确的温度。

量杯

大多数蛋糕需要使用液态原料，这些原料都需要使用量杯进行称量。

计时器

不要低估计时的重要性！每步制作都需要设定计时。

木勺

厨房必备，几乎所有需要搅拌的原料都能用到。

锋利的刀

用在装饰、分割蛋糕的工序以及制作、装饰蛋糕中的几乎所有要素当中。

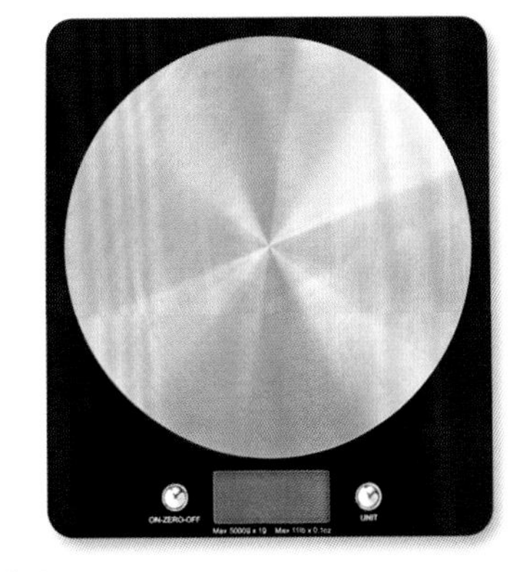

台秤

台秤是必备的，所有的原料都需要精确称量。

器材

装饰器具

使用可食用颜料的毡头笔
用于需要绘制大量不同颜色、不同粗细的图案及字体的场合。

切割模具
使用切割模具能够让你的装饰更加精准。使用玉米粉涂抹在模具内侧，能够让模具更易脱出。

抹刀
在涂抹碎屑以及制作简单的杯子蛋糕糖衣时都要用到。

笔刷
选择各种尺寸、不会掉毛的人造刷头笔刷。小刷头可以用来绘制细部特征，大刷头可以用来绘制宽阔的区域以及涂抹。

糖艺不粘垫
它可以帮助你更简单地制作翻糖并且防止粘连。

翻糖平整器
用来平滑装饰物、板面或蛋糕表面。在棱角和边缘处可能需要同时使用两个。

翻糖擀面杖
使用不粘材料制成，让加工翻糖更加简单。

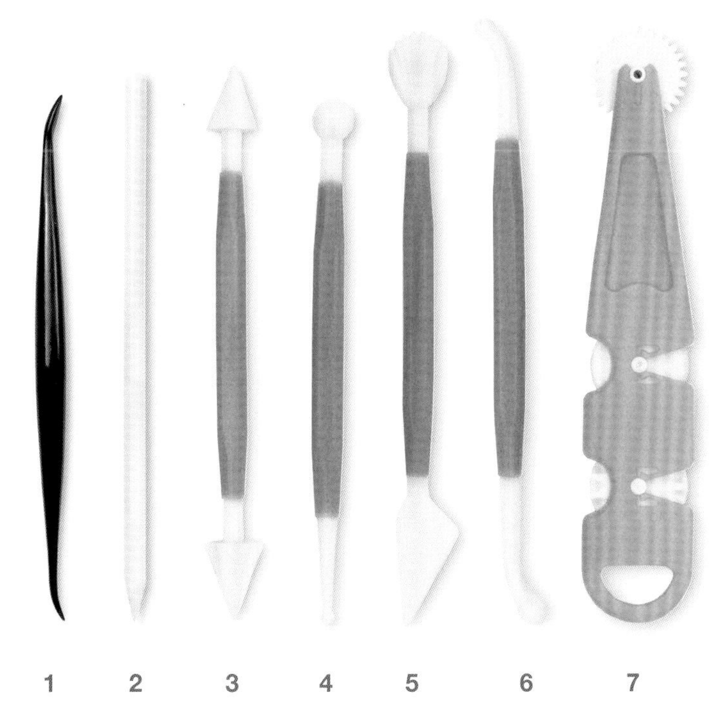

1. 纹理工具
用于给翻糖或面团装饰添加细节。

2. 花边工具
用于给翻糖添加花边和皱褶。

3. 圆锥工具
添加细节和纹理。叠加两次可以制作出星形图案。

4. 球形工具
可以用它来打薄、软化边缘，制作花瓣的形状和轮廓。

5. 贝壳和刀刃工具
可用于制作贝壳纹路，也可以用来切割、塑形。

6. 骨骼形工具
用于造型时柔滑曲线，也可以制作出花瓣形状。

7. 缝线工具
此工具可以在装饰物和蛋糕上刻出缝线的纹路。

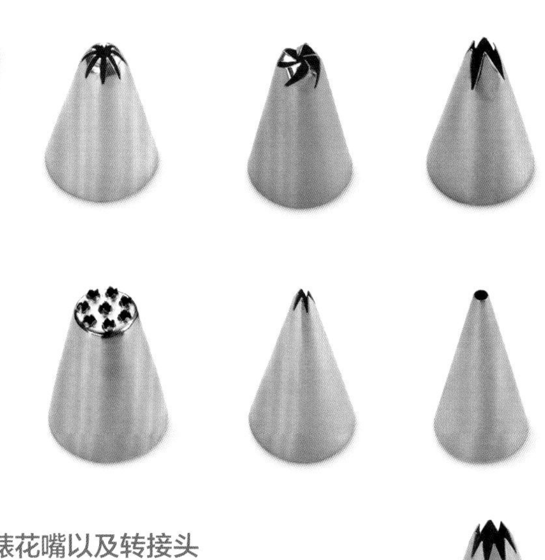

裱花袋和裱花嘴以及转接头
任何类型的裱花袋都可以使用。如果你感到困惑，可以使用一个切掉角的三明治袋，再插入裱花嘴中。裱花嘴的尺寸很重要，更小的数字意味着更小的孔径。

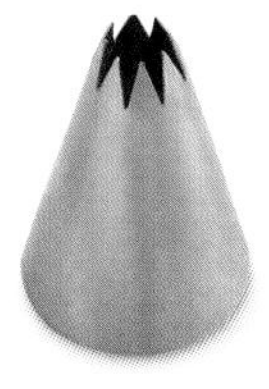

测试鸡蛋新鲜度

除了看包装盒上的最佳食用日期外，你也可以用这个简单的方法来测出你的鸡蛋的新鲜度：将鸡蛋浸入水中后，观察其是否浮起。不新鲜的鸡蛋因为其中的空气含量比新鲜鸡蛋多而液体含量少，所以会浮上水面。切勿使用不新鲜的鸡蛋。

新鲜鸡蛋

不太新鲜的鸡蛋

已变质的鸡蛋

分离鸡蛋

许多的原料都会只使用蛋白或蛋黄。先用嗅觉或者漂浮实验确定鸡蛋其是否新鲜。

1 在碗沿上磕破鸡蛋。将手指伸入蛋壳的破口，轻轻地将鸡蛋分成两半。

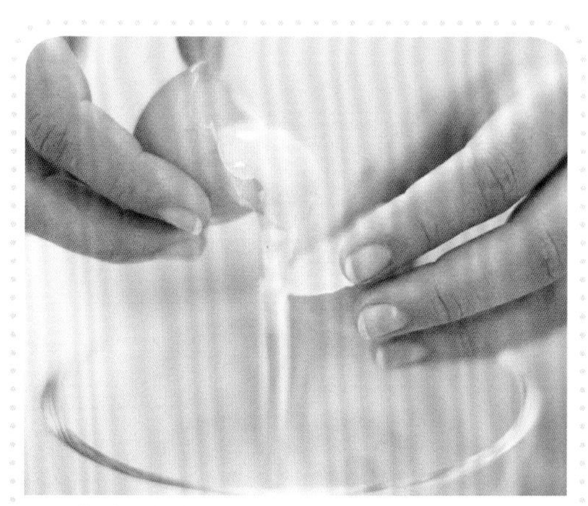
2 轻轻地将鸡蛋在两瓣蛋壳之间来回倾倒，使蛋白分离流入碗中。注意不要弄破蛋黄。

打发蛋白

为了获得最好的效果，首先要使用干净、干燥的金属碗和一个气球形打蛋器。蛋白必须完全和蛋黄分离，切勿接触任何油脂。

1 将蛋白放进碗中（图中使用的是铜碗）并开始小幅度慢慢搅打。

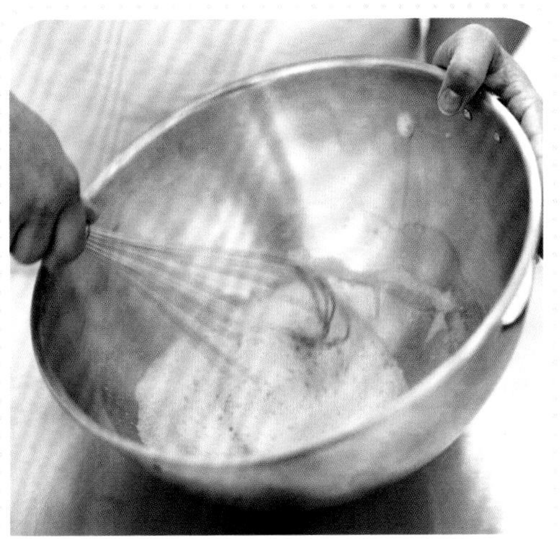

2 加大幅度继续搅打，直到蛋白不再透明并开始出现泡沫。

3 要尽可能让蛋白混入更多空气，加快搅拌的速度和幅度，直到蛋白呈现理想的状态，硬挺而不干燥。

4 试试看将打蛋器提起，提起的蛋白尖端应该是挺立而光滑的，并且尖端应能够垂下。

准备衬垫与蛋糕烤盘

将烤盘润滑后，用面粉或烘焙用纸铺满烤盘底部，可以让烘焙的步骤更加简洁、成品更加整洁。

1 将无盐黄油融化（除原料说明以外）并使用糕点刷在烤盘底部涂薄薄一层黄油，在底部的上层和烤盘侧边也可以涂，确保所有角落都涂有黄油。

2 然后，在烤盘中撒少量的面粉。振动并摇晃烤盘，使面粉均匀散布在烤盘的底部和侧边。随后将烤盘倒置，轻轻拍掉多余的面粉。

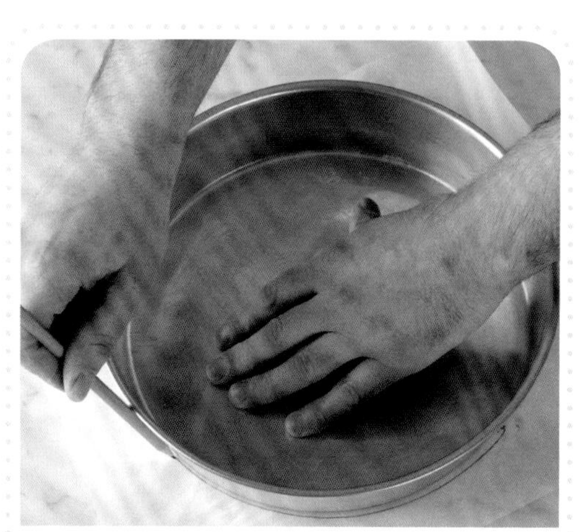

3 或者可以使用烘焙用纸来代替面粉，将烤盘放在纸上，用铅笔沿烤盘的外轮廓画线。沿轮廓内部将纸裁成烤盘的形状。

4 将裁出的烘焙用纸直接放置在润滑过的烤盘底部。纸应该接近烤盘内部形状并且充满角落。这一层纸可以在蛋糕烤好并冷却之后撕掉。

准备巧克力

在分割、研磨巧克力之前需要将巧克力冷藏。这样，你手上的温度就会快速将其融化。

切碎巧克力。先将巧克力切成小块，然后在冰箱中冷藏数分钟。将巧克力放在砧板上，用刀以滚动的方式切碎巧克力。

研磨巧克力。将冷藏过的巧克力放在磨碎器洞孔宽的一面上刮擦。如果巧克力融化了，就再次放入冰箱冷藏，待再次硬化后继续磨碎。

融化巧克力。先在盆里放一点温水，将磨碎的巧克力放在一个耐热的碗中，然后将其置于水盆中。待巧克力融化，用木勺搅拌巧克力直到其变得柔滑。

做巧克力卷。要将柔软或融化的巧克力铺放在凉的大理石板上。用刀刃将巧克力刮起成卷状。

巧克力

这是一种非常通用的巧克力原料，可以用于多种装饰技法。巧克力的状态是非常容易变化的，所以请跟随教程仔细制作。

制作甘纳许

甘纳许就是将巧克力融化在奶油中，然后搅拌到完美的光滑状态。可以在它温热的时候将它浇在蛋糕上，或用抹刀将它抹开待其冷却。

• 可制作出500克

• 准备需用时5分钟
• 烹饪5分钟

配料

200毫升浓奶油
200克高品质的黑巧克力、牛奶巧克力或白巧克力

1 将巧克力切块，将巧克力和奶油一起放在中号的厚底锅中。小火搅拌至巧克力融化。

2 移开热源，将巧克力放在耐热的碗中，继续搅拌至光滑浓稠。可以将制成的甘纳许倒在蛋糕上，或者在涂抹前冷却1~2小时。

打发奶油

根据你产品的原料，可以将奶油打发至尖端柔软或尖端硬挺。要记得提前将搅拌器、碗和奶油冷却好。

1 将奶油拿出冰箱，然后待其回温到5℃。开始以大约2圈/s的速度慢慢搅拌奶油（或用电动搅拌器最慢速度）直到奶油开始变稠。加快搅拌速度至中速，直到可以提拉出柔软的尖端。

2 要形成硬挺的尖端，需要继续搅拌一段时间。将搅拌器提起，观察提起的尖端是否能够保持形状。

使用裱花袋和裱花嘴

这一技法不止可以用来挤奶油，还可以用于蛋白糖霜、糕点以及雪芭冰糕的制作。你可以使用不同样式的裱花嘴创造出各种有趣的造型。

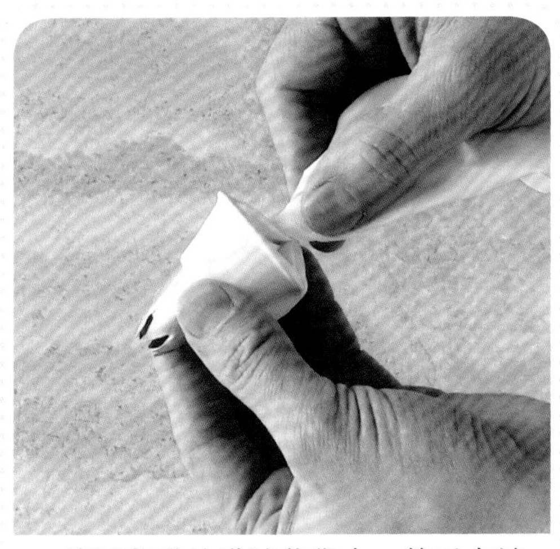

1 将裱花嘴放进裱花袋中，然后在裱花袋上扭转一圈，起到密封、防止泄漏的作用。

2 用一只手将裱花袋提高到裱花嘴的正上方，用另一只手折起裱花袋的顶端，做成一个“领口”的形状，然后开始将奶油盛进裱花袋中。

3 继续填充，直至充满裱花袋的四分之三。将裱花袋的顶端拧紧，挤出其中的空气。应该在裱花嘴的尖端正好能够看到奶油露出来。

4 用一只手握住裱花袋拧紧的一端，另一只手轻轻地挤压袋子，慢慢挤出奶油，形成理想的形状。

制作杯子蛋糕

确保容器或模具中有适量的面糊，并且要能烘烤合适的时间。烤箱需要预热至少20分钟。在准备面糊之前就要准备好模具，这样面糊才不会在被放进模具之前就开始膨胀。

使用容器

杯子蛋糕的容器为蛋糕增加了装饰性的元素，让蛋糕看起来更加简洁，同时也有助于产品更长时间保持新鲜和湿润。如果你选择直接在模具中烤制杯子蛋糕的话，则需要润滑模具并撒一些面粉，刷一些蛋糕脱模产品或喷洒少量的脱模油。使用硅胶容器制作杯子蛋糕则不需要使用模具，直接在容器中装上面糊并将其平放在烤盘中即可。润滑容器并撣一些普通面粉，杯子蛋糕就不会粘连。

填充

将面糊填充至容器的三分之二即可。不要加入过多的面糊，否则会使面糊溢出容器或形成一个“鼻子”状的突起。标准尺寸的杯子蛋糕大约使用75毫升的面糊。迷你杯子蛋糕，一汤匙的面糊就足够了。还可以用裱花袋挤一些彩色的面糊形成一些特殊的层次效果。

烘烤

标准尺寸的杯子蛋糕需要用18~20分钟时间来烘烤，迷你杯子蛋糕只要用8~10分钟。用竹签插进蛋糕中心，如果拔出时竹签上是干净的，则说明蛋糕已经烤好了。如果同时有几组模具在烘烤，需要增加几分钟时间，并在时间到一半时旋转烤盘。烤好后的蛋糕需要在模具中至少冷却10分钟，随后在冷却架上继续冷却。如果不使用容器的话，需要在将其放在冷却架上之前把蛋糕用手托出。

制作迷你蛋糕

制作迷你蛋糕和制作杯子蛋糕基本相同，只是使用了方形或圆形模具的区别。仔细地润滑容器并撣一些面粉。可以使用较深的分割器或切刀来从一大块蛋糕上切下迷你蛋糕，但通常这么做并不准确，而且还会浪费蛋糕。

1 将烤箱预热到180℃。将黄油和糖搅拌至结构蓬松。分次打入鸡蛋。继续搅拌2分钟后，至表面出现气泡。然后筛入面粉，加入一些柠檬皮，搅拌均匀直至光滑。

2 在每个模具中加入等量的面糊——约三分之二。根据模具的体积，烘烤15~25分钟。

3 当蛋糕快要烘烤完成时，每2分钟用竹签测试一次直至拔出时竹签是干净的。将蛋糕在模具中冷却然后取出放在冷却架上。

原料

175克无盐黄油，室温软化。

175克细砂糖

3个鸡蛋

225克自发粉

1块磨碎的柠檬皮

• 制作16人份

• 准备20分钟
• 烹饪15分钟

• 所需工具：使用16cm × 5cm的迷你圆蛋糕模具

在每个模具中倒入等量的面糊。待蛋糕冷却后，如果有必要的话，可以将蛋糕表面修理平整。

小贴士

面糊一准备好就要马上开始烘烤，这样可以确保面糊中的空气不会逸出，可以让蛋糕表面更加平整。杯子蛋糕和迷你蛋糕可以在冷却后进行各种装饰。

装饰杯子蛋糕

可以使用抹刀把奶油糖霜涂抹在蛋糕表面，在平整的桌面上旋转蛋糕并抹平糖霜。为了使蛋糕看起来更专业、制作更快，可以按如图所示将奶油卷曲地挤在蛋糕表面。此外，你还可以用不同的裱花嘴将糖霜挤成不同形状（例如，星形、贝壳形）或其他各种效果和纹理。

• 所需工具：裱花袋，搭配星形的裱花嘴。

原料

奶油糖霜（见38页）
杯子蛋糕糖针或可食用的装饰亮片（可选用）

1 将裱花嘴安装好，然后加入一半中等黏稠度的奶油糖霜。裱花袋中的糖霜过多会使裱花袋难以操作。

2 将裱花嘴置于蛋糕1cm高处，呈90度，螺旋式从外向内挤出糖霜。

3 施加压力控制挤出糖霜的量。随着挤到中心处慢慢增大压力，使糖霜形成一个尖峰状。

4 在顶端的正中心移开裱花嘴。如果喜欢的话，还可以使用糖针或可食用的亮片来进行装饰。

使用不同的裱花嘴来制作出不同的效果和质感

填充杯子蛋糕

我们可以向杯子蛋糕中填充果酱、奶油糖霜、甘纳许、奶油，甚至化开的花生酱、水果慕斯以及炼乳。蛋糕中出现的棉花糖或其他种类的夹心，会给你的蛋糕带来意外之喜。这里提供两种易学的方法来为蛋糕充入液态夹心。

锥形法

用水果刀从每个杯子蛋糕的中心切出一块圆锥形。削掉圆锥形的尖端，将液体注入蛋糕的空腔中，然后再将切出的部分重新拼合回去。然后可以继续在蛋糕表面挤糖霜（见前页）。

注入法

如果使用比较稀的、柔滑的糖霜或果酱，可以使用平头圆形裱花嘴（如图所示）或是专用的喷嘴，将其安装在裱花袋上。在裱花袋中盛入夹心，然后将裱花嘴从顶部插入蛋糕内部，轻轻挤压裱花袋直到夹心从蛋糕顶端的孔中溢出。然后可以继续在蛋糕表面挤糖霜（见前页）。

使用裱花袋可以控制注入夹心的量。

小贴士

要确保杯子蛋糕完全冷却后再填充夹心，否则蛋糕会裂开。冷却蛋糕还能够保证夹心不会在蛋糕中融化，不会吃起来又湿又黏。

制作棒棒糖蛋糕

棒棒糖蛋糕是烘焙界的新产品，是一种非常好的装饰产品，创造了一个新的装饰主题。我们在这里提供两种制作棒棒糖蛋糕的方法，需要用到剩下的蛋糕屑，它们可以很轻松被捏成球形、心形甚至小动物的形状。

• 可制作20~25个

• 准备时间：4小时

• 所需工具：25根棒棒糖蛋糕柄，鲜花插板或泡沫塑料板

原料

300克巧克力蛋糕屑
150克巧克力奶油糖霜（见38页）
250克黑巧克力用于棒棒糖蛋糕裹面
50克白巧克力
300克即溶糖（可选用，以替换黑、白巧克力）
用作装饰的糖针、坚果或圆形薄饼（可选用）

1 将蛋糕屑放在大碗里，加入奶油糖霜搅拌，直到形成光滑的面团。

2 用手轻轻地将面团揉成球形，尺寸约为榛子大小。

3 将面团放在盘子上，每个面团之间留有空隙，在冰箱中冷藏3小时，或冷冻30分钟。

裹衣

在两个烤盘中垫上烘焙用纸，融化一些巧克力。将棒棒糖蛋糕柄的一端在巧克力中蘸一下并插入蛋糕中心。将做好的巧克力直立插在鲜花插板上30分钟。将剩余的黑、白巧克力融化，或者使用即溶糖。将蛋糕蘸进融化的巧克力中并旋转裹满。让多余的巧克力滴落，然后再根据个人喜好将蛋糕在糖针、坚果或磨碎的薄饼上裹一圈。

使用棒棒糖蛋糕模具

棒棒糖蛋糕模具可以做出大小一致的球形蛋糕，便于裹衣和装饰。薄海绵的密度不足以撑起带柄的棒棒糖蛋糕或装饰物。马德拉蛋糕是个更好的选择。大多数的棒棒糖蛋糕模具都附带有原料。

1 将烤箱预热到180℃。将黄油和幼砂糖搅打至蓬松。将鸡蛋分次打入。继续搅拌2分钟，至表面出现气泡。筛入面粉，加入柠檬皮，搅拌至光滑。

2 将蛋糕模具涂油、撒面粉。将面糊舀入模具底部至半满（无孔洞），这样烤出来就可以膨胀到位。将另一半模具扣在上面并盖严。

3 烘烤15~18分钟。出炉后让蛋糕在模具中冷却10分钟然后转移到冷却架上完全冷却。

4 将棒棒糖蛋糕柄的一端在融化的巧克力中蘸一下然后插入蛋糕的中心。冷藏20~30分钟，让蛋糕柄直立。

原料

175克无盐黄油，需软化
175克幼砂糖
3个鸡蛋
225克自发粉
一块磨碎的柠檬皮
普通面粉，用于模具撒粉
融化的巧克力

• 可制作24个

• 准备时间：20分钟
• 制作时间：15~18分钟

• 所需工具：使用2×12孔的棒棒糖蛋糕模具

小贴士

在蘸取时应保证巧克力或即溶糖处于温热的液态，可以将其置于小电锅或茶炉中。使用深而窄的小锅，让蘸取的过程更简单、清洁。

将棒棒糖蛋糕烘烤至拔出插入的竹签时是干净的。

奶油糖霜

这种糖霜是由黄油、糖粉、奶油或牛奶组成，加入少量香草或其他调味料调味。奶油糖霜可以在海绵蛋糕或杯子蛋糕上涂抹或注心。一些奶油糖霜制作时需要加热，但大多数时候只需要使用电动搅拌器快速打发。

基本的香草奶油糖霜

制作这种奶油糖霜可以选择使用或不使用奶油或牛奶。这种糖霜适用于涂抹蛋糕碎屑、海绵蛋糕糖霜，也可以用来在杯子蛋糕表面裱花。你也可以用它来绘制图案（见49页）。

• 可制作750克

• 准备时间：15~20分钟

原料

250克无盐黄油，软化
2茶匙香草精
600克糖粉
2汤匙浓奶油或牛奶，可额外加入用来稀释糖霜
食用色素（可选用）

1 将黄油和香草精用电动搅拌器搅拌。加入糖粉，搅拌均匀。

2 加入奶油，并继续搅拌至糖霜轻柔、蓬松。

3 将糖霜转移到碗中，加入色素。每次加入一点点，直至得到准确的颜色。

4 糖霜的硬度应该以可以竖直插入一把刀为宜，但要足够柔软以从裱花袋挤出。

小贴士

制作巧克力奶油糖霜，请在步骤2后加入8汤匙可可粉，搅拌至蓬松。步骤2中可以用牛奶替代奶油。如果你喜欢更淡的口味，则将加入的可可粉减半，并在步骤1加入可可粉。

蛋白糖霜

这种糖霜通常用在婚礼或圣诞用的水果蛋糕上，或用来装饰姜饼屋。如果用来装袋裱花的话，制作方法相同，但不要加入甘油，并搅拌至光滑、连续。

传统的蛋白糖霜

蛋白糖霜干燥后会变硬，所以制作时要用保鲜膜或湿毛巾将它盖起来。甘油在这个原料中的作用在于防止糖霜变硬，同时可以让糖霜看起来比较闪亮。

原料

3个散养的、巴士灭菌过的鸡蛋蛋白；纯蛋白粉，与水混合；或蛋白粉

700克糖粉，过筛，如果需要可以加入更多

1 茶匙柠檬汁

2 茶匙甘油

水果蛋糕，可以根据个人意愿选择平整的和分层的，需要盖好杏仁膏

• 制作750克

• 制作时间：15分钟

• 所需工具：刮板或锯齿刮板，可选用

1 在一个大碗中搅拌鸡蛋蛋白直到起泡。分次加入糖粉，每次一勺。

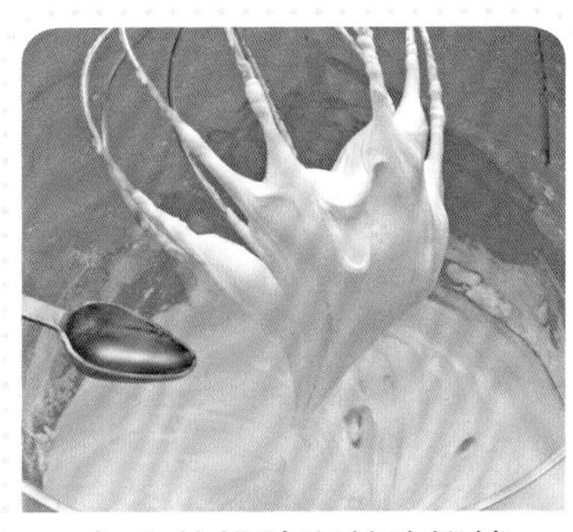

2 加入柠檬汁和甘油搅拌，直到搅拌头可以提出坚挺且厚实的尖峰。

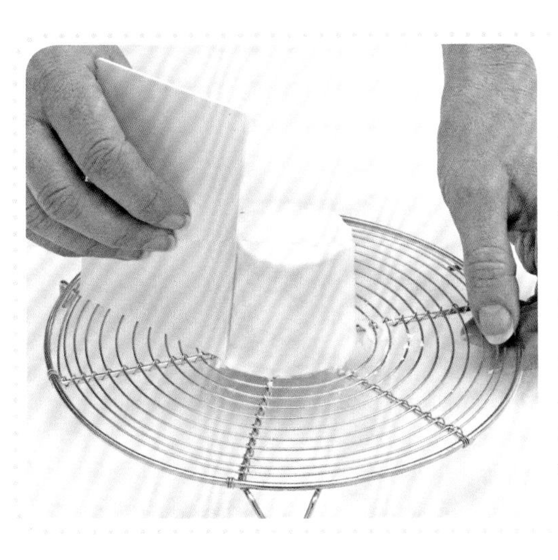

3 涂抹蛋糕时，如果需要让糖霜更加厚实，需要加入更多糖粉。用抹刀将糖霜在蛋糕的顶面和侧边涂开。如果要使用奶油糖霜，请看前页内容。使用糖霜刮板，将如图所示的迷你蛋糕表面涂抹光滑。可以尝试使用锯齿刮板来涂抹出均匀的质地。

使用奶油糖霜挤出边饰造型

奶油糖霜非常适于对蛋糕挤出各种边饰或制作各种装饰造型。你可以用裱花袋挤出各种形状、花朵或其他装饰物，甚至可以用笔刷来绘制花朵（见49页）。制作出连续的奶油糖霜（见38页），然后选用合适的裱花嘴。

• 所需工具：配有星形裱花嘴（如惠尔通21号）的裱花袋，装有奶油糖霜（见38页）

原料

置于已盖好翻糖皮的蛋糕板上的，已经用糖霜涂抹平整的圆形蛋糕

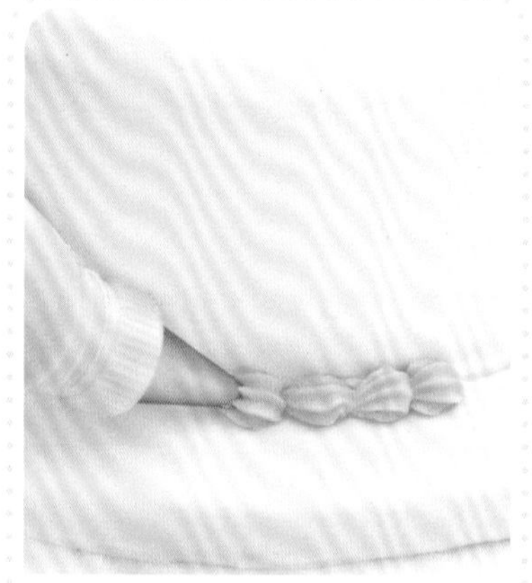

1 **要挤出贝壳形的边**，将裱花袋与蛋糕表面呈45度角。稍用力挤压，让糖霜呈扇形挤出。

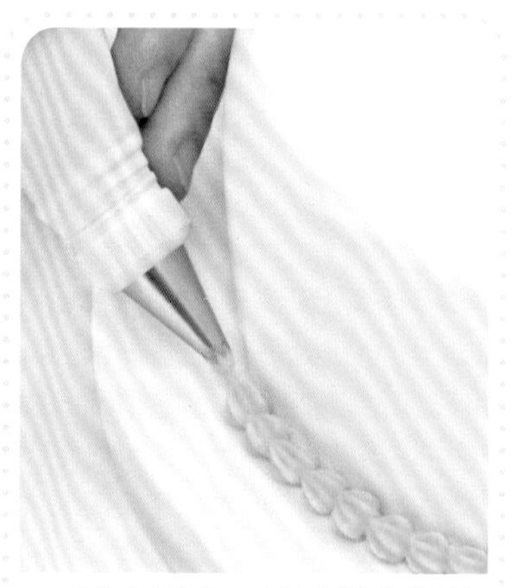

2 减小压力，沿蛋糕底部的方向提起裱花袋。提起裱花袋时形成一个贝壳形的点。重复以上操作。

花朵形裱花，将裱花袋置于蛋糕的正上方正好能够触碰到蛋糕的位置。挤压，让糖霜形成一朵花的形状。之后停止挤压，提起裱花嘴。你可以在挤出糖霜的时候转动手腕，挤出扭转的花瓣，也可以在花朵中心点缀一颗糖果。

小贴士

如果奶油糖霜打发后有气泡，可以用刮刀将气泡从碗边缘排出，从而得到光滑的产品。不要将裱花袋装的过满，因为糖霜会被手的温度加热而融化。

奶油糖霜非常适于挤出各种边饰或各种装饰造型。

制作奶油糖霜玫瑰花

我们可以使用奶油糖霜来挤出简单的玫瑰花。可以直接在一张方形的烘焙用纸上裱花，也可以使用单一的弧形动作直接将玫瑰花挤到蛋糕上（见变式），或在如图的花托上裱花，待花朵稍微硬化之后再放到蛋糕上。

• 所需工具：裱花袋，安装好裱花嘴转换器和圆口裱花嘴（如惠尔通12号），装好奶油糖霜（见38页），扁圆形裱花嘴，能够挤出圆弧形的花瓣造型（如惠尔通104号），裱花托

1 将裱花嘴对准花托的中心。施加压力，将糖霜挤出成锥体。

2 换用扁圆裱花嘴，呈45度角在锥体的顶部挤出交叉重叠的带状糖霜。

3 将裱花嘴的宽边放到花苞的底部，挤出糖霜的同时把裱花嘴向上移动，随后顺势向下移动到花心位置。重复操作，沿着花心挤出三片花瓣，每瓣花瓣后部的边缘都要与前一片花瓣重叠。以相同的技法重复裱花，挤出第二层的五片花瓣，最后一层为七片花瓣，调整裱花嘴的角度，创作出一朵盛开的玫瑰花。

变式

使用单一的弧形动作挤出奶油糖霜玫瑰花，在裱花带上安装一个大号或中号的圆口裱花嘴，先挤出一点奶油糖霜作为花心，然后按你的习惯动作，沿着花心逆时针挤出一个弧形花瓣的造型。

挤出小圆点、小圆珠和花朵造型

在杯子蛋糕的表面上可以用蛋白糖霜按排或按列挤出各种小圆点、圆珠和花朵等图案作为装饰。花边装饰是一种简洁优雅的“刺绣造型”，可以从挤出的一连串简单的小圆点开始。为了简单地做出这种别具一格的装饰效果，可以尝试着挤出圆形珠状边饰。

原料

用翻糖覆盖或者涂抹了蛋白糖霜的蛋糕

• 所需工具：带有小号圆口裱花嘴的裱花袋（如惠尔通11号），袋内装有用于裱花浓稠程度的蛋白糖霜（见39页）

1 **小圆点造型**：使裱花嘴正好在蛋糕表面。挤出一个小圆点，逐渐用力挤出糖霜使小圆点增大。停止时抬起裱花嘴。

2 **圆珠造型**：裱花嘴与蛋糕呈45°，逐渐挤出糖霜，缓缓抬起裱花嘴让糖霜扩散。糖霜从裱花嘴滴落时停止用力。

3 **花朵造型**：同前面一样准备好裱花袋和蛋白糖霜。先挤出一个小圆点，然后将裱花嘴拉到圆点的边缘位置并朝身体的方向拉拽，形成一个花瓣造型。重复此步骤，继续在第一个花瓣旁边挤出一个小圆点，使所有的小圆点排成一个圆形，制作出一个花瓣造型。

小贴士

当挤出成串的小圆点时，不要慢慢停止用力，否则会挤出一个“鼻子”形的圆点。相反地，要立刻停止用力并立即提起裱花嘴。挤好的小圆点可以先风干一会儿，将手指粘上少量玉米淀粉，轻轻将小圆点的尖角部分按回去。

使用微波炉融化和调温巧克力

这种方法比传统融化巧克力的方法要节省不少时间，但是由于温度基本上无法控制，所以此法不是很容易掌握。在传统的隔水加热融化巧克力的过程中，最好使用糖艺温度计不时地测量巧克力的温度。加热融化时过高的温度会使巧克力在凝固之后产生“白斑”。巧克力应该在温热时进行裱花。

原料

500克高品质牛奶巧克力、黑巧克力或白巧克力。

• 可制作500克

• 准备时间：5分钟，含冷却时间
• 制作时间：5分钟

• 所需工具：糖艺温度计

1 将巧克力切成小块，放在微波炉专用碗中，用高火力加热30秒。搅拌均匀，再加热15秒直至巧克力完全融化，质地变得光滑。

2 将巧克力分成小块，放到微波炉专用碗中，用大功率加热30秒。搅拌一会儿之后，重新加热15秒。取出搅拌至巧克力呈细腻平滑的状态。

变式

要覆盖好一个涂抹了糖霜的蛋糕，可以将调温好的巧克力涂抹到一块周长略大于蛋糕周长的塑料片上，涂抹的巧克力宽度要比蛋糕的高度略高。当巧克力开始变硬的时候，将塑料片覆盖住蛋糕四周。当巧克力硬化之后，移走塑料片即可。

用奶油糖霜裱花

与蛋白糖霜相比，奶油糖霜的质地更软，可以配合各种裱花嘴在涂抹糖霜的蛋糕或蛋糕板上制作出各种颜色、各种图案的造型。这种技法也可以用于杯子蛋糕。改变裱花嘴的尺寸和施加的压力，你可以自如地改变设计的造型。

贝壳形边饰

用中号的星形裱花嘴来挤出贝壳形边饰。随着手部的一起一落挤出糖霜就可以形成连串的贝壳形。

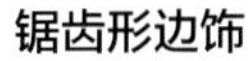

锯齿形边饰

使用星形裱花嘴来制作富有吸引力的锯齿形状，在蛋糕表面的效果会很好。

螺旋形边饰

使用星形裱花嘴也可以制作这种一整条内部勾连的螺旋形状，如同波浪一样。

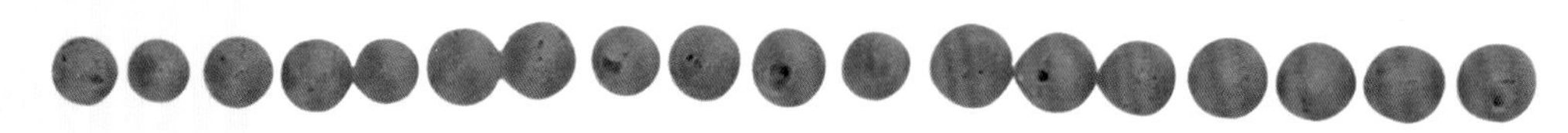

点状边饰

用中号的圆口裱花嘴挤出一排均匀的点状或球形。

星形和星形边饰

用中号的星形裱花嘴挤出独立的星形或把它们连接起来组成边饰。

树叶造型
使用小号的叶形裱花嘴挤出树叶形状，在制作过程中拖放裱花嘴使糖霜形成褶皱造型。

网纹造型
使用中号的网纹裱花嘴，一段一段在用奶油糖霜挤出的长线条上挤出网状纹路的编织花纹图案。

绿草造型
用线条勾勒出绿草图案（甚至可以是毛发图案），可以使用多用途的小圆口裱花嘴。

长叶草造型
使用中号多用途外开式的裱花嘴挤成长叶草造型，挤出长而宽的条形奶油糖霜。

玫瑰花边饰造型
使用中号外开式星形裱花嘴挤出小朵的玫瑰花造型，可以挤出成排的小玫瑰花边做装饰使用或者单独挤出一朵使用。

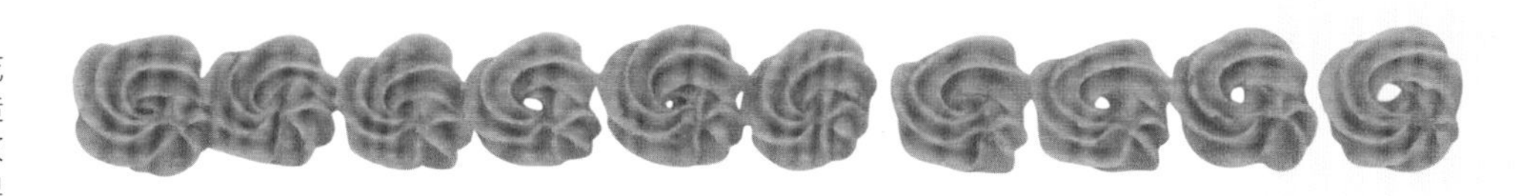

串珠边饰造型
使用中号圆口裱花嘴，先挤出一个圆珠造型，然后再拖拉裱花嘴的过程中缓慢地放松挤压力度。

C形边饰造型
挤出一连串的C形造型图案，使用小号外开式的星形裱花嘴，挤出一串简洁美观的边饰造型，在挤出过程中，可以交替挤出C形和S形图案以呈现不同的外观造型。

绳索边饰造型
使用中号的外开式星形裱花嘴，挤出一系列的S形图案，创作出一条逼真的绳索边饰造型或者一条卷状造型。

褶皱边饰造型
使用花瓣形裱花嘴，挤出一条简洁明快的皱褶边饰造型，来回拖拉裱花嘴挤出奶油糖霜。

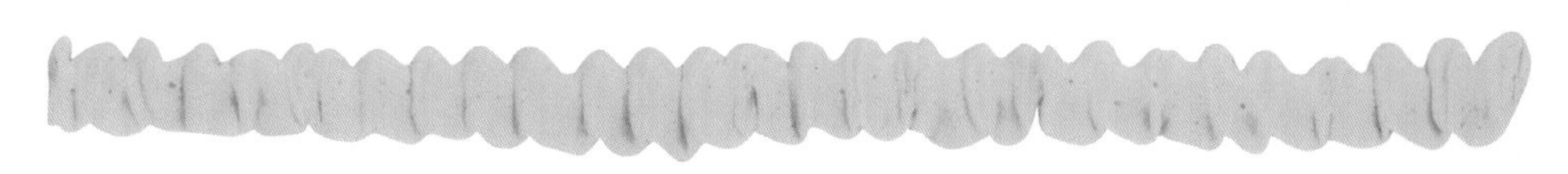

用蛋白糖霜裱花

可以使用蛋白糖霜创作出各种简洁或复杂的图案造型，待其干燥变硬之后，组装成2D或3D的作品。根据实际需要选用各种丰富的色彩，并使用不同的裱花嘴来呈现出丰富的造型图案。裱花是一项非常值得学习和掌握的技能，熟能生巧之后可以达到真正专业级别的裱花师水准。

卷曲形造型

使用小号贝壳形裱花嘴或者绳索形的裱花嘴，可以在蛋糕上制作出一系列互相连接的卷曲形边饰造型。

绳索形造型

使用绳索形的裱花嘴，按顺时针方向挤出弹簧形的图案，在挤出糖霜时用力要均匀。

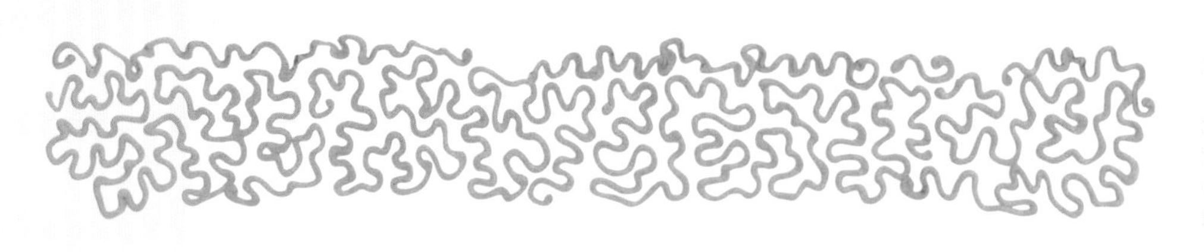

线条形造型

这种使用小型圆口裱花嘴制作出的精美细腻的线条造型，是以随机方式挤出的糖霜线条组成的，可以撒上一些闪光粉增加渲染效果。

小圆珠串形造型

可以使用小号或大号圆口裱花嘴，制作出一连串的小圆珠造型，以循环往复的线条连接到一起。

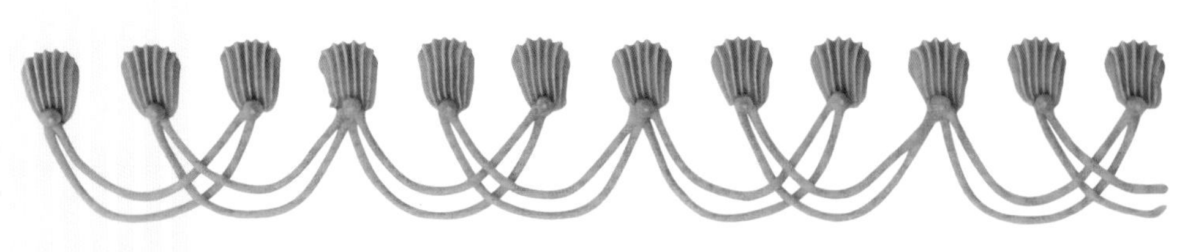

贝壳和线条形造型

使用贝壳形裱花嘴挤出一排对称的贝壳造型，然后挤出线条的糖霜将它们连接在一起，在挤完线条的最后时刻，在贝壳的底部挤出一个小圆点进行装饰。

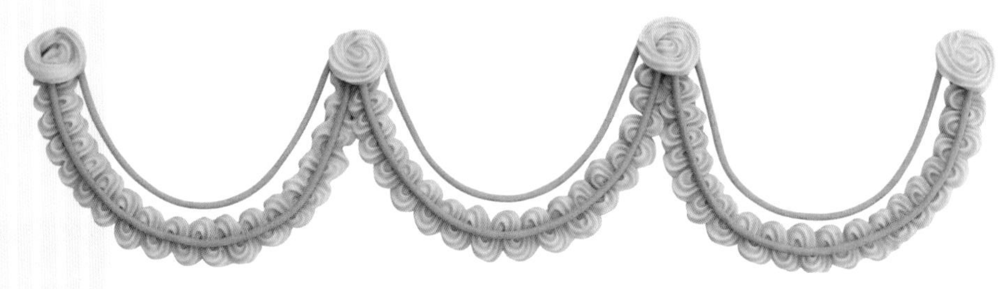

皱褶形和玫瑰花形造型

使用星形裱花嘴顺时针旋转就可以挤出一朵可爱的玫瑰花图案，再用一串皱褶形的糖霜将它们连接在一起，可以使用小花瓣形的裱花嘴或者外开式的星形裱花嘴，最后用蛋白糖霜线条进行装饰。

贝壳形和线条形边饰
使用贝壳形裱花嘴连续不断地挤出一串贝壳形的边饰造型，然后用小圆口裱花嘴沿对角线方向挤出蛋白糖霜，在贝壳下方组成格子图案造型。

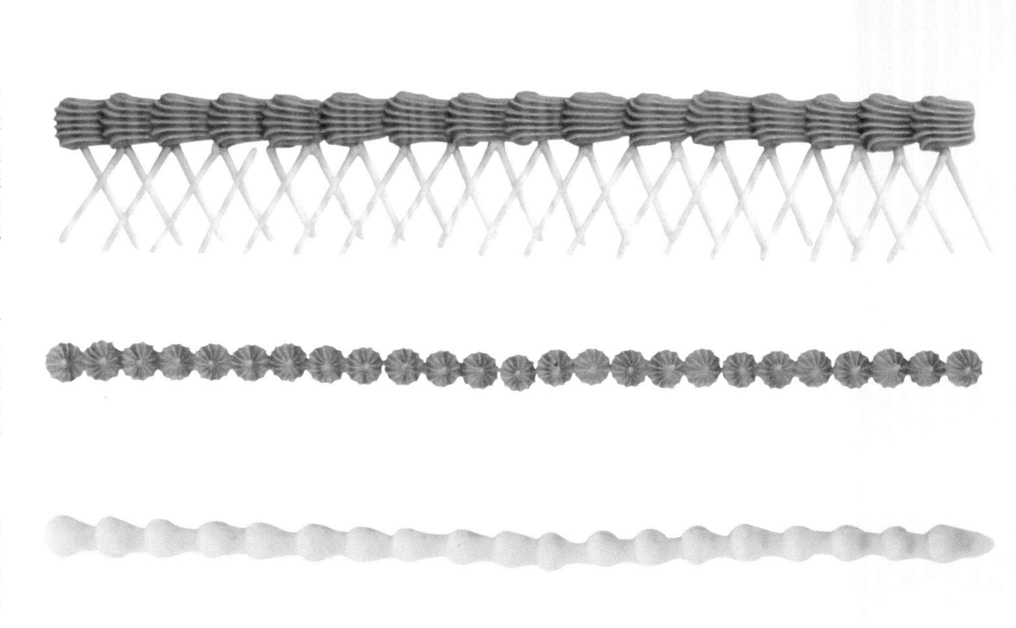

星形边饰
使用外开式星形裱花嘴可以制作出各种大小不同的星形边饰，均匀用力挤压裱花袋直到挤出理想大小的星形图案，停止用力并抬起裱花嘴。

小圆珠条形边饰
使用略大一号的圆口裱花嘴，挤出柔软的小圆珠造型，用裱花嘴从它们中间划过形成一条小尾巴一样的造型图案。

线段形边饰
这种线段形装饰，是使用小号的星形裱花嘴，按照顺时针方向挤出糖霜形成一个圆弧的高度作为第一条曲线造型图案，然后回收拉回。

锯齿形皱褶边饰
使用小号星形裱花嘴，以轻微来回摆动的动作，挤出糖霜制作出皱褶般的造型效果。

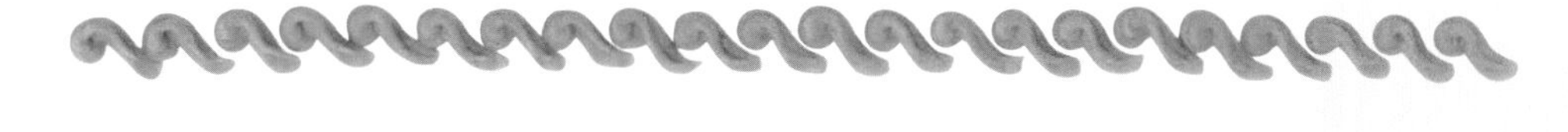

卷曲形及环形小圆点造型
使用最小号的圆口裱花嘴挤出优美的曲线形图案，周围再挤出环形造型，及一连串的小圆点造型。

大马士革纹 1
这个独创的造型可以用小号圆口裱花嘴按照模板上的图案造型挤出，或按照模具的图案挤出。

大马士革纹 2
要在一个蛋糕的侧面制作出这种精美高雅的造型，先将模板按压到蛋糕侧面的翻糖上，使用翻糖工具将纹理刻印到翻糖上，再按造型挤出糖霜。

花枝造型
先用小号圆形裱花嘴挤出各种造型的细线条，然后再轻缓地将线条加粗。用相同的裱花嘴在花枝上挤出圆珠形的花瓣形成花朵造型。

用巧克力裱花

你可以直接将巧克力挤到蛋糕表面上，也可以将在烘焙用纸上挤好的巧克力装饰物放在冰箱里冷藏至凝固，然后取下来粘贴到蛋糕上。巧克力在温热状态下挤出各种造型时，效果会更好。将巧克力回温（见43页），可以制作出闪亮脆硬的装饰效果。

• 所需工具：带图案的烘焙用纸、带小号圆口裱花嘴的裱花袋（如惠尔通1L号）

原料

牛奶巧克力、白巧克力或黑巧克力，融化并调温（见43页）

1 将融化后调好温度并略微冷却到温热的巧克力装入裱花袋中。将一张烘焙用纸覆盖在模板上固定好，在纸的四周用曲别针固定好。

2 将裱花嘴放置到烘焙用纸上设计好的图案的中心位置，从中心开始向外沿着模板上的线条挤出巧克力，在纸上挤出自然整齐的线条造型。在每条线条的最后，停止用力。重复此步骤，分别挤出每一条线段。冷却至巧克力凝固。

小贴士

你也可以使用蛋白糖霜或者奶油糖霜按照这种方法操作，直接将造型图案挤到蛋糕上。但是你会发现直接在巧克力插件或糖艺不粘垫上挤出装饰图案会更加简单方便。因为当你在出现错误的情况下，可以把挤出的图案擦掉重新绘制。

涂画刺绣效果

之需要一个切割模具和一支画笔，就可以用蛋白糖霜在各种蛋糕或装饰物上涂画出造型美观、纹理丰富的装饰图案。这种技法称为刺绣画法，因为涂画好后的最后成品就仿如一幅精致的刺绣作品。

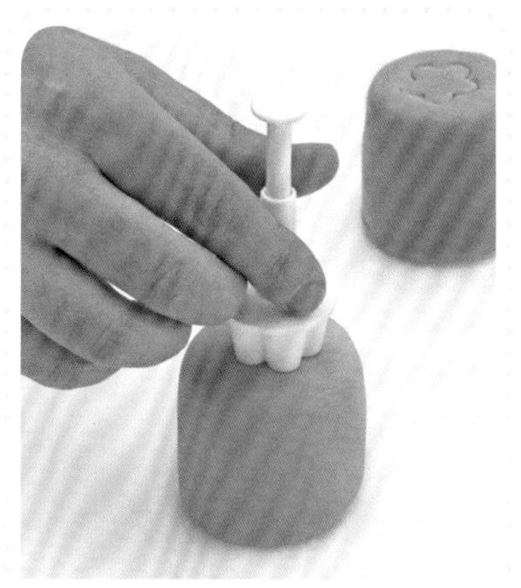

1 使用切割模具在蛋糕表面轻轻按压出轮廓造型图案。放置几小时让翻糖定型。

2 将蛋白糖霜装入裱花袋内，沿着按压出的轮廓，每次只挤出一个图案造型。

原料

用翻糖覆盖好或者用糖霜涂抹平整的蛋糕

蛋白糖霜（根据需要添加颜色，见39页内容），加入几滴水稀释

• 所需工具：切割模具，用来按压图案造型、裱花袋，配小号圆口裱花嘴

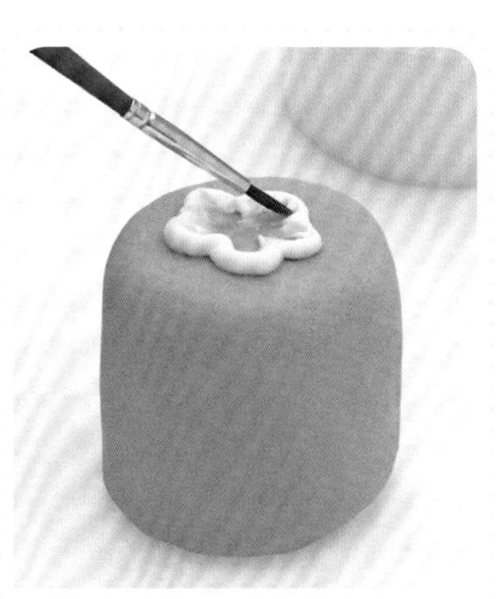

3 将画笔蘸水，用轻微的、均匀的笔触，将画好的蛋白糖霜朝向中间的位置拖曳绘画。

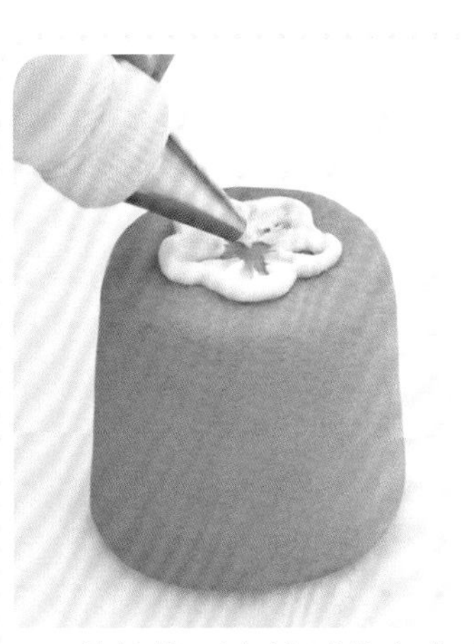

4 继续将蛋白糖霜线条向中间拖曳绘画直到完成。然后在造型图案上挤出更多细节的线条图案。

小贴士

要保持画笔的湿润，一次涂画的笔画不要超过3~4笔，然后将画笔重新蘸水润湿。绘画完成后，根据需要，可以使用裱花嘴挤出细节图案造型，例如花朵的中心造型或者树叶上的枝干造型等。晾干之后备用。

给蛋糕涂刷上色

给蛋糕涂刷上五彩斑斓的颜料可以使蛋糕上的各种花纹造型变得更加突出而醒目，彰显出装饰物上的纹理图案，同时还可以为进一步的装饰设计提供一个具有对比度的背景。使用颜料时，你需要将用于涂刷的各种颜色调配得非常稀薄。你也可以使用稀释液加上色粉或色膏进行调配稀释。

原料

食用液体色素、色膏或两种颜色的色粉
稀释液或伏特加酒
有图案纹路的、用翻糖覆盖好的蛋糕

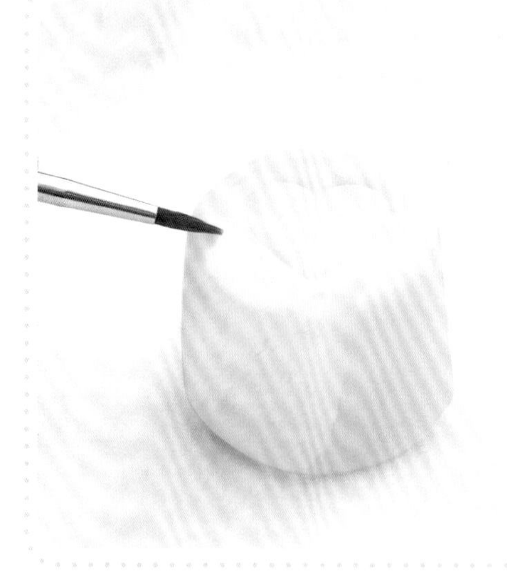

1 用稀释液将食用色素稀释成颜料。使用画笔将颜料涂画到刻印上图案的蛋糕上。根据外观造型设计需要，可以用颜料将蛋糕全部涂满或者只涂画蛋糕的一部分。对于某些需要深色的位置，可以反复涂画几次，涂画后的颜料会流淌到纹理图案的纹路中。

2 涂画纹理图案造型中更小的区域，或者一些细节（比如图中所示的心形图案）时，可以使用另外一种颜色。也可以使用一把小毛刷来进行细节的绘制。色彩涂好后要晾干。

变式

“拖画法”是通过使用颜料在蛋糕表面上，顺着一个方向来回轻轻涂画，然后使用另外一只干净、干燥的画笔涂画另外一种颜色。“破布滚刷法”是在一块揉搓成一团的厨房用纸上蘸上颜料进行涂画，以制作出斑驳的图案效果。

制作出一个具有对比色的背景，用于进行进一步的装饰设计。

使用宝石糖

我们可以使用这种可食用的“宝石”来装饰蛋糕。这种宝石糖（例如钻石形的糖）封装在密封的容器里，在装饰蛋糕的最后步骤取出并安放在蛋糕上，否则糖块表面会变模糊。放置时尽量使用镊子，不要用手指来操作。

1 在翻糖表面撒上玉米淀粉并且把面粉揉成想要的厚度。用柱塞式切割模具分割出理想的形状（例如图中的雏菊形）。放置晾干直至翻糖稍微变硬。

原料

玉米淀粉，用来撒在翻糖表面

强化过的翻糖（见52页）

涂抹了奶油糖霜的杯子蛋糕

蛋白糖霜（见39页）

大号钻石形糖

• 所需工具：翻糖擀面杖、大号柱塞式切割模具、镊子

2 将每片装饰的背面用水润湿，然后放在蛋糕的顶部。将少量的蛋白糖霜涂在每朵糖霜的中间，并在上面放上一块钻石糖。

在最后一步将可食用的宝石糖放在蛋糕上。

翻糖增稠

无论你选用一整块的翻糖进行手工造型，还是使用切割模具来造型，让翻糖变得柔软、强韧且易风干硬化都是很重要的。最好一次只用一小块翻糖，把其他的翻糖并保存在两层保鲜膜中。

• 所需工具：翻糖不粘垫，标有方形或菱形、翻糖擀面杖、缝合工具、冷藏过的刮板或尺子，用来划出直线边缘5cm圆形切割模具、镊子

配方

白色的植物油脂，用于润滑
500克翻糖
2茶匙翻糖泰勒粉

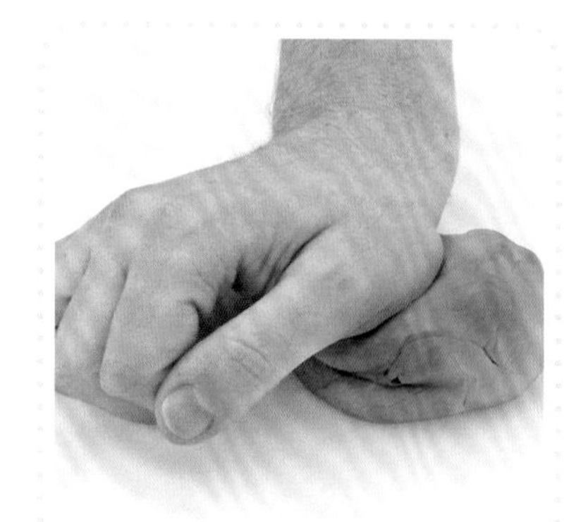

1 将一块翻糖放在润滑过的台面上。把翻糖揉到光滑。在中心留出一个豁口。

2 放入泰勒粉。将两层翻糖压在一起并将所有原料揉匀。

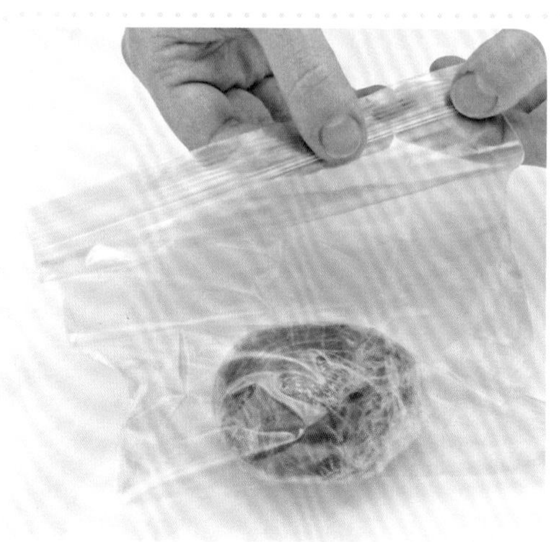

3 当翻糖变得柔软、光滑、均匀上色（翻糖中没有增稠粉形成的纹路）后，将翻糖用两层保鲜膜包好并用拉链塑料袋封存2小时或过夜。当然你也可以忽略放置的时间，但这样会让翻糖不那么有弹性。

小贴士

通常我们使用“花朵”级或精细研磨的泰勒粉来对翻糖增稠。粗磨的泰勒粉可以用来调配可食用胶水，但用在翻糖中会使其结块、硬化不均匀。调色需要在翻糖增稠之前进行，而不是在之后。

……使翻糖变得柔软、强韧、易于风干硬化用来切割、造型

抹平蛋糕碎屑

抹平碎屑是绘制图案之前在蛋糕表面增加一个底层涂层。这一工序确保了涂抹糖霜或覆盖了翻糖的蛋糕最终呈现出完美的效果。这样做可以抹平蛋糕表面所有的碎屑和孔洞，有助于蛋糕保持密闭、潮湿。你可以用奶油糖霜来抹平蛋糕，当然也可以使用甘纳许（见30页）。

原料

用奶油糖霜涂抹夹层的、平整的多层蛋糕

用牛奶稀释的奶油糖霜（见38页）

• 所需工具：蛋糕底托、蛋糕转台或餐桌转盘

1 将蛋糕放在底托或转台上。用抹刀把稀释过的奶油糖霜仔细地在蛋糕上涂满一层。

2 先从蛋糕的顶层开始，一边转动转盘，一边将糖霜盖满蛋糕表面。

3 把糖霜均匀地在侧边涂满。会有少量的碎屑嵌在糖霜里，这很正常。

4 将蛋糕冷藏或放置干燥，这一步需要2小时。然后涂抹最后一层糖霜或翻糖。

确保了涂抹糖霜或覆盖了翻糖的蛋糕最终呈现出完美的效果

使用点画法和海绵画法涂画

使用点画法和海绵画法进行涂画的技法可以帮助你在蛋糕表面或装饰物上制作出不同的纹理质感。使用点画毛刷或者特制的海绵块可以制作出如同云雾般带着彩色斑点的图案造型。而海绵块会制作出带有斑纹的图案效果，可以尝试使用不同的力度以制作出浓淡不一的效果。

• 所需工具：点画毛刷或者海绵

原料

食用液体色素、色膏或色粉
稀释液或伏特加酒
用翻糖覆盖好，或者均匀涂抹好糖霜的蛋糕

1 用点画毛刷涂画。用点画毛笔蘸取少许调配好的液体涂料，液体涂料要使用稀释液稀释到很淡的色彩。

2 用点画毛刷在蛋糕的表面上用上下点画的技法反复涂画。根据造型需要，待干燥后可以重新点画。

1 用海绵块涂画。用更稠一些的颜料制作出色彩更深的醒目效果。用海绵块蘸取一些颜料直接在蛋糕上涂画。

2 将海绵漂洗干净，蘸取第二种颜料以涂画出纹理图案造型。第一种颜料干燥后再涂画第二种颜料。

小贴士

使用点画毛刷或海绵，加上液体涂料，可以用同一种颜色制作出层次分明的纹理造型。你可以试着用海绵块在深色的基础上再轻轻涂抹一层浅色，制作出如同蜡染般的效果。在一些色斑上用海绵块反复轻拍，可使这些纹理图案形成天鹅绒般的质感。

在蛋糕的表面上制作出各种不同质感的纹理图案造型

用蛋白糖霜制作拉丝

使用一系列的“W”形和“M”形的线条，或只是用连续的长曲线型的拉丝，是一种非常优雅的裱花技法，你可以用它来创作出类似般的图案设计。类似的方法是，可以在烘焙用纸上挤出心形的涡形卷，待干燥之后再贴到蛋糕上。

原料

用翻糖覆盖或涂抹了蛋白糖霜的蛋糕或杯子蛋糕

可食用胶水

• 所需工具：接上小号精细裱花嘴的裱花袋（如PME 00或0号），注入适于裱花浓稠度的蛋白糖霜（见39页）、花型模板，可选用

1 先在蛋糕的表面上挤出外轮廓的线条。要均匀地、轻轻地用力。

2 挤出曲线线条，向各个方向连续弯曲，但线条不能交叉。此时不要把裱花嘴从蛋糕表面移开。

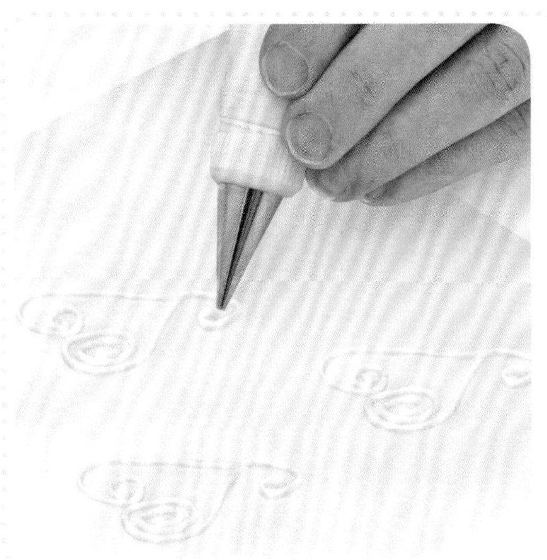

挤出心形的涡形卷，如果需要的话可以使用模板，在一张烘焙用纸上挤出设计好的花型。晾干直到硬化（如果可以的话最好过夜），小心地将图案从纸上移开，用可食用胶水将图案粘贴到蛋糕侧面一圈。

小贴士

要制作更多繁复的设计图案，可以使用糖霜“笔”，可以在其中注入糖霜，用单手使用。这种笔可以把糖霜推出而无需用力挤压。同样你也可以购买糖霜注射器，你可以在上面接上专用的裱花嘴。

使用糖霜图像

将图片发送给专业的制作公司，他们可以帮你将图片打印到用糖霜制成的薄片上。使用的时候，将图像分割下来就可以直接摆放到蛋糕上进行装饰——或先将这些图片粘贴到擀开的干佩斯或增稠的翻糖上。这些造型必须要装到密封袋内保存，否则就会变得干燥。

• 所需工具：翻糖擀面杖

原料

带有图像的糖霜薄片
玉米淀粉，用于在桌面撒粉
增稠的翻糖（见52页）
表面挤有奶油糖霜的杯子蛋糕（可选用）

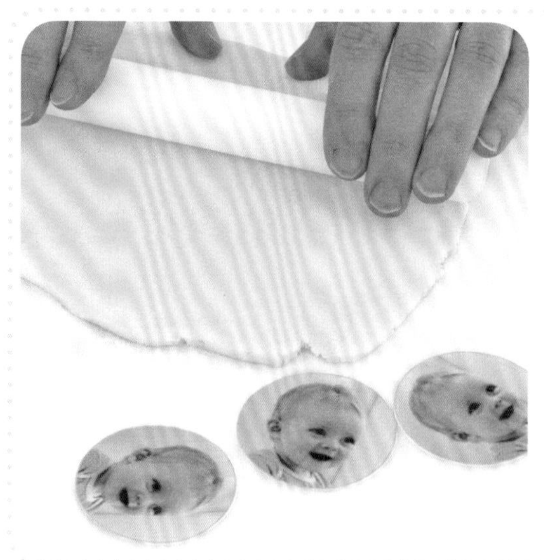

1 用厨房剪刀将图像造型从糖霜薄片上小心地剪下来，放到一旁备用。在工作台上散一些玉米淀粉，将翻糖擀开至所需要的厚度。

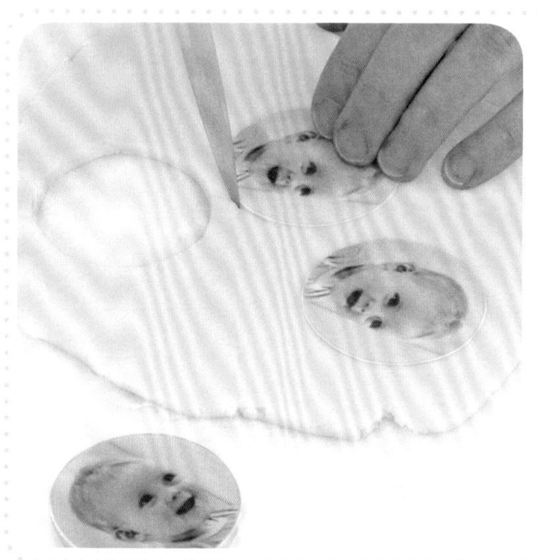

2 用一把毛刷蘸取一点水将翻糖表面润湿。然后将剪下来的图片摆到翻糖上，尽可能摆放得紧凑些。静置几分钟后，用锋利的刀将带图片的翻糖切割下来。

小贴士

你可以将准备好的图片粘贴到糖霜薄片上，沿着蛋糕的侧面摆放一圈。也可以试试在手提袋造型的蛋糕上粘上豹纹图片，或者将仙女或蝴蝶的图片摆放到小号的礼物蛋糕上。这种创意是无穷无尽的。

可以将糖霜图像在擀平的强化翻糖上使用。

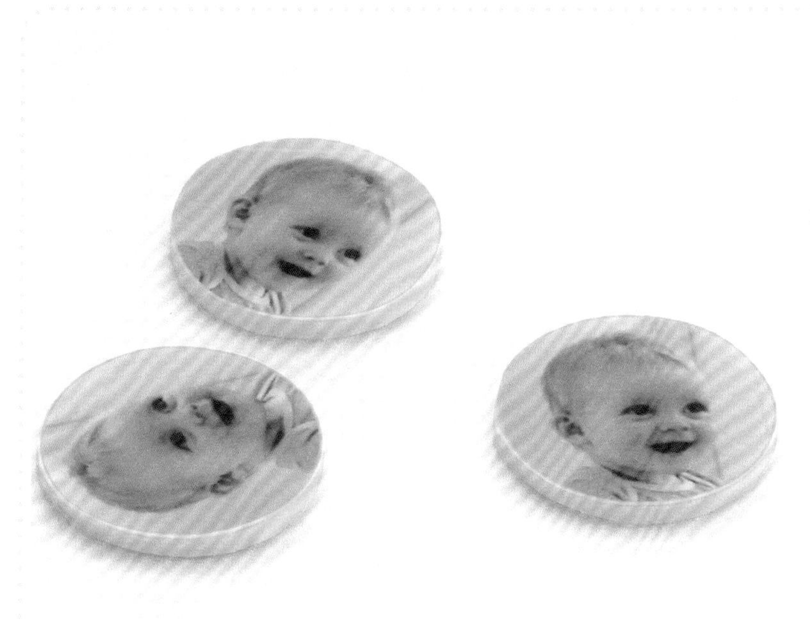

3 将切割下来的图片摆放到一块烘焙用纸上，带有图片的一面朝上，晾一夜使其干燥变硬。

4 将准备好的装饰图片粘贴到挤有奶油糖霜的杯子蛋糕上摆放好，根据需要可以在图片的背面翻糖处用毛刷涂上一点水润湿，然后按压固定到位。

小贴士

你可以自己在糖霜材质的原材料上打印出文字或者图像。但这样做你需要使用经过特殊改造的打印机和可食用的颜料才可以。否则你需要将你的设计作品发送给专业公司，他们会替你打印好这些文字或图像。

杯子蛋糕与玛芬蛋糕

巧克力杯子蛋糕

孩子们会很喜欢在这种蛋糕上做装饰——他们可以在这种简单地盖满巧克力的蛋糕上添加自己喜爱的糖果。

•成品数量：18~20个

•准备时间：15分钟
•制作时间：18分钟

•所需工具：标准圆面包烤盘、标准杯子蛋糕底托

原料

225克无盐黄油，室温软化
225克幼砂糖
225克自发粉
1茶匙泡打粉
4个鸡蛋
2汤匙可可粉
100克巧克力碎
175克黑巧克力薄片，用于装饰

1 将烤箱预热到180℃。可放入18~20个杯子蛋糕托的烤盘

2 将黄油、幼砂糖、面粉、泡打粉、鸡蛋和可可粉放入一个大搅拌碗中，用木质勺子、手持电动搅拌器或手动搅拌器搅拌至均匀。拌入巧克力碎，将混合物盛到杯子蛋糕托中，烘烤18分钟，直至膨胀完全。移至冷却架冷却。

3 把隔热的碗放在装有温开水的锅中，融化巧克力。舀起融化的巧克力，盛放在冷却的杯子蛋糕上。用巧克力薄片装饰蛋糕。将蛋糕放置到定型。

苹果玛芬蛋糕

这种蛋糕很适合从烤箱中取出后马上当做早餐享用。

•成品数量：12个

•准备时间：10分钟
•制作时间：20~25分钟

•所需工具：12孔的玛芬蛋糕模具、玛芬蛋糕底托

原料

1个金黄色的美味的苹果，去皮、切块。
2茶匙柠檬汁
115克德麦拉拉蔗糖，额外添加，用来撒在蛋糕表面
200克普通面粉
85克全麦面粉
4茶匙泡打粉
1汤匙磨碎的混合香料
半茶匙盐
60克美洲山核桃，磨碎
250毫升牛乳
4汤匙葵花籽油
1个鸡蛋，打散

1 将烤箱预热到200℃。准备好一个12格的玛芬蛋糕模具和12个玛芬蛋糕底托。在碗中放入一个苹果，加入柠檬汁，搅匀。加入4汤匙糖，放置5分钟。

2 同时，在一个大碗中筛入面粉和全麦粉、泡打粉、混合香料和盐，把筛子里剩余的东西也倒进碗里。把剩余的糖和山核桃倒进去一起搅拌，然后在干物料中做出一个凹槽。

3 将牛乳、油和鸡蛋搅打均匀，加入苹果。将湿物料放入干物料的凹槽中，然后轻轻揉搓均匀，形成不光滑的面糊。

4 将混合物舀入纸托中，注入四分之三满即可。烘烤20~25分钟或观察到蛋糕顶部隆起、变成棕色即可。将玛芬蛋糕转移到冷却架上，再撒上一些糖。趁热食用或冷却后食用均可。

肉桂苹果葡萄干杯子蛋糕

苹果和葡萄干是一个完美的组合，在美味、温润的杯子蛋糕中堪称绝配。

•成品数量：12个

•准备时间：15分钟
•制作时间：15分钟

•所需工具：12孔杯子蛋糕烤盘、蛋糕纸托、裱花袋和裱花嘴（可选用）

原料

115克黄油，室温软化
115克幼砂糖
2个鸡蛋
115克自发粉
半茶匙泡打粉
2茶匙磨碎的肉桂
3个青苹果，去皮去核切块
60克葡萄干

制作糖霜

225克无盐黄油，室温软化
450克糖粉，过筛
2汤匙柠檬汁
磨碎的肉桂，用于撒粉

1 将烤箱预热到180℃。准备好一个12孔杯子蛋糕烤盘。

2 将黄油、糖、鸡蛋、面粉、泡打粉和肉桂粉放进一个大搅拌碗中，用木勺或电动搅拌器搅拌至蓬松。加入切碎的苹果和葡萄干，继续搅拌。

3 将混合物舀到蛋糕托中，烘烤15分钟至完全膨胀，颜色呈金黄色，按压蛋糕中心可以弹回即可。将蛋糕转移至冷却架冷却。

4 制作糖霜，将黄油在碗中搅拌。边搅拌边加入糖粉和柠檬汁至打发蓬松。用裱花袋或者勺子将糖霜挤（盛）在蛋糕表面，最后撒上肉桂粉。

香草杯子蛋糕

这款蛋糕比普通的杯子蛋糕密度要大，这使得这款蛋糕较其他杯子蛋糕更易采用精致的糖霜造型来进行装饰。

•成品数量：18~20个

•准备时间：15分钟
•制作时间：20~25分钟

•所需工具：2×12孔的杯子蛋糕烤盘、蛋糕纸托、裱花袋和星形裱花嘴（可选用）

原料

200克普通面粉，过筛
2茶匙泡打粉
200克糖粉
半茶匙盐
100克无盐黄油，室温软化
3个鸡蛋
150毫升牛乳
1茶匙香草精

制作糖霜

200克糖粉
1茶匙香草精
100克无盐黄油，室温软化
4汤匙天然食用色素（可选用）
糖针，用于装饰

1 将烤箱预热到180℃，在碗中加入面粉、泡打粉、幼砂糖、盐和黄油。用指尖将这些原料搅拌至呈现类似面包细屑的状态。

2 在另一个碗中将鸡蛋、牛奶和香草精搅拌至均匀。将鸡蛋混合物慢慢添加到干性物料中，期间要一直保持搅拌。将混合物搅拌至细腻，但要注意不要过度搅拌，最后将所有的蛋糕面糊倒在一个罐里。

3 准备好烤盘，铺好纸托，将面糊小心地倒进纸托中，至半满即可。在预热完成的烤箱中烘烤20~25分钟，达到将插入蛋糕中心的竹签拔出时是干净的状态。放置2~3分钟后，将杯子蛋糕转移到冷却架上彻底冷却。

4 制作糖霜，将糖粉、香草精、黄油和食用色素（如果需要的话）放进碗中。用电动搅拌器搅打5分钟至蓬松。查看杯子蛋糕是否已经完全冷却，否则蛋糕会把糖霜融化。

5 如果手工涂抹糖霜，将一茶匙糖霜涂在每个蛋糕的顶部。然后把勺子背面在温水中浸泡一下，让糖霜与勺子的接触面变得光滑。更为专业的做法是，将糖霜装进配有星形裱花嘴的裱花袋中。一只手用力挤出糖霜，另一只手扶住蛋糕。从蛋糕边缘以螺旋形向上挤出糖霜直至蛋糕中心的尖峰处。用少量的糖针来装饰每个蛋糕。

香蕉巧克力碎玛芬蛋糕

这款湿润的玛芬蛋糕有着完美的甜度。如果你找不到酪乳的话，可以使用等量的普通酸奶代替。

• 成品数量：8个

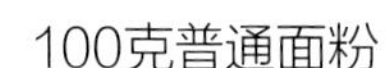

• 准备时间：15分钟
• 制作时间：20~30分钟

• 所需工具：12孔玛芬蛋糕模具、蛋糕纸托

• 冷冻保藏期：最多12周

原料

100克普通面粉
45克玉米面粉
1茶匙泡打粉
1茶匙小苏打
100克金黄蔗糖
45克黄油，融化
1个中等大小的鸡蛋，打散
2个香蕉，剥皮，捣碎
85克酪乳
50克牛奶巧克力，切成小块

1 将烤箱预热到200℃。准备好模具和纸托，放在一旁。

2 在一个大碗中，筛入面粉、玉米面粉、泡打粉和小苏打，然后加入糖开始搅拌。放在一旁。

3 在另一个碗中，将黄油、鸡蛋、香蕉和酪乳一起搅拌。将湿性物料加入干性物料中，轻轻揉搓在一起，注意不要揉搓过度。将巧克力碎块一并揉入。

4 将混合物装杯，应正好装在杯沿下方。烘烤约20~30分钟直到表面变得金黄，触感变硬。将蛋糕移出烤箱，并在模具中冷却。

青柠杯子蛋糕

将这款蛋糕中的青柠替换成一个大柠檬，也可以做出一样美味的蛋糕。

• 成品数量：12个

• 准备时间：15分钟
• 制作时间：15分钟

• 所需工具：12杯标准圆蛋糕烤盘、标准杯子蛋糕纸托

原料

115克无盐黄油，室温软化
115克幼砂糖
2个鸡蛋
115克自发粉
半茶匙泡打粉
一块切碎的青柠皮

蛋糕顶部

一块切碎的青柠皮，或者把四分之三块切碎，另外四分之一切成薄薄的细长条，用于装饰（可选用）。
两个青柠榨汁
55克幼砂糖

1 将烤箱预热到180℃。准备圆蛋糕烤盘和12个杯子蛋糕托。将黄油、糖、鸡蛋、面粉、泡打粉青柠皮在一个碗中搅匀。可以用木勺、电动搅拌器或手动搅拌器搅拌至蓬松。

2 用勺子将混合物舀进蛋糕托中，烘烤15分钟，或直到面团完全膨胀，轻轻按压蛋糕顶部可以弹回的状态。转移到冷却架上冷却。

3 同时，将青柠皮切成的细丝在沸水中煮2分钟（如果要用到的话），擦干，再用冷水冲洗一下，再擦干，放在一旁备用。

4 将青柠汁、切碎的青柠皮和糖搅拌均匀。用竹签将每个蛋糕顶部戳一个洞，用勺子将混合物灌入顶部的洞中，在下面放一个碗接住多余的糖浆。放置几秒后重复上述操作，直至所有的混合物都用尽。用处理好的青柠皮和幼砂糖在蛋糕顶部进行装饰。放置冷却。青柠汁将会逐渐沉底，蛋糕顶部会呈现极佳的松脆口感。

蓝莓开心果天使杯子蛋糕

这款蛋糕有着漂亮的外观和绝妙的口感，尤其是那诱人、细腻的奶油乳酪糖霜。

• 成品数量：12个

• 准备时间：25分钟
• 制作时间：25分钟

• 所需工具：12孔杯子蛋糕烤盘、蛋糕纸托

原料

60克去壳的开心果仁
2个大鸡蛋取蛋白
一小撮盐
半茶匙塔塔粉
115克幼砂糖
40克普通面粉
20克玉米淀粉
1/4茶匙天然杏仁精
1/4茶匙香草精
85克干燥的蓝莓

制作奶油乳酪糖霜

150毫升浓奶油
4汤匙糖粉
140克奶油乳酪
一些新鲜的或干燥的蓝莓

1 将烤箱预热到160℃。准备好烤盘和12个蛋糕纸托。

2 将开心果仁放在碗中，用沸水没过果仁，放置5分钟。擦干，用洁净的毛巾将果仁外面的皮擦掉。将果仁细细碾碎后，取出其中的一半放在一旁待用。

3 将蛋白放在一个干燥、洁净的玻璃或金属碗中，轻轻用手动打蛋器或电动打蛋器搅打至起泡。加入盐和塔塔粉继续搅拌，直到蛋白打发至可以提出硬挺的尖峰。

4 在蛋白中筛入糖、面粉和玉米淀粉，加入杏仁精和香草精、干燥蓝莓和碾碎的开心果仁，用金属勺子轻轻搅拌它们直至结合。

5 将混合物舀到纸托中，烘烤25分钟直到蛋糕胀起，出现浅浅的饼干色，表面触感变硬为止。将蛋糕转移到冷却架上冷却。

6 制作糖霜，将奶油倒进碗中，加入糖粉轻轻搅拌。然后加入奶油乳酪继续搅拌，直到可以提出柔软的尖峰。用勺子将糖霜舀在杯子蛋糕上，最后用剩下的开心果仁和一些新鲜或干燥的蓝莓来进行装饰。

李子杏仁小蛋糕

杏仁赋予了这款一口就能吃下的小蛋糕丰富的口味。如果你不喜欢李子的话，可以试试用新鲜的树莓代替。

•成品数量：16个

•准备时间：15分钟
•制作时间：30~35分钟

•所需工具：6孔和12孔的玛芬蛋糕模具、蛋糕纸托

•冷冻保藏期：4周

原料

75克杏仁碎
250克过筛的糖粉
75克过筛的普通面粉
175克黄油，融化
6个大鸡蛋，取蛋白
9个小的李子，去核，切成四分之一大小的块

1 将烤箱预热到180℃。准备好模具和纸托，放在一旁待用。

2 将杏仁、糖粉、面粉和黄油在一个大碗中搅拌。在另一个干净的碗中打发蛋白直至硬挺。加入四分之一量的蛋白到杏仁混合物中，然后将其余的蛋白慢慢加入。

3 将混合物倒入模具中的纸托里。将混合物等量分配——最好先将面糊倒进量杯中，然后用量杯依次向每个纸托按平均量倒入面糊。

4 在每个蛋糕上都放上李子，然后将大号模具放在烤箱上层，将小号模具放在烤箱中层，烘烤约20~25分钟直到呈现金黄色。移开大模具，将小模具放在烤箱上层继续烘烤10分钟左右。将蛋糕在模具中冷却5~10分钟，然后将蛋糕移到冷却架上冷却。

橙子柠檬杯子蛋糕

这款蛋糕易于制作且外观非常有特色。你可以选择自己喜欢的颜色和糖针，让这款蛋糕变得具有个性。

• 成品数量：12个

• 准备时间：15分钟
• 制作时间：25~30分钟

• 所需工具：12孔杯子蛋糕烤盘、蛋糕纸托、裱花袋和星形裱花嘴（可选用）

• 冷冻保藏期：4周（未涂糖霜的）

原料

200克黄油，室温软化
200克金黄砂糖
3个鸡蛋，打散
200克过筛的普通面粉
1个大橙子，榨汁

制作糖霜

50克黄油，室温软化
125克糖粉
1个柠檬，榨汁
几滴天然食用橙色色素（可选用）
几滴天然食用黄色色素（可选用）
糖针，用于装饰蛋糕

1 将烤箱预热到180℃。准备好烤盘和纸托，放在一旁待用。

2 将黄油、糖、鸡蛋和面粉一起搅打至蓬松，然后加入橙汁，每次加入一点，直到混合物不再黏稠，可以轻松从搅拌器上滴落。

3 用勺子将混合物平均地舀到纸托中，进烤箱烘烤25~30分钟或一直到蛋糕表面呈现金黄色、膨胀且具有弹性。在模具中冷却2~3分钟后，移至冷却架上完全冷却。

4 制作糖霜，将黄油和糖粉一起搅拌，然后加入柠檬汁继续搅拌。将混合物分装在两个碗中。如果需要使用色素的话，向装有糖霜的碗中慢慢滴入色素，直到呈现出理想的颜色。

5 手工涂抹糖霜，用勺子的背面浸入温水后，让糖霜与勺子的接触面变得光滑，或者将糖霜装进裱花袋后挤到蛋糕上（见34页）。最后用糖针装饰。

巧克力玛芬蛋糕

酪乳赋予了这款蛋糕绝妙的轻盈口感，可以满足你对巧克力的渴望。

• 成品数量：12个

• 准备时间：10分钟
• 制作时间：15分钟

• 所需工具：12孔玛芬蛋糕模具、蛋糕纸托

原料

225克普通面粉
60克可可粉
1汤匙泡打粉
一小撮盐
115克浅色红糖
150克巧克力碎
250毫升乳酪
6汤匙葵花籽油
半茶匙香草精
2个鸡蛋

1 将烤箱预热到200℃。准备好模具和纸托，放在一旁待用。

2 在一个大碗中筛入面粉、可可粉、泡打粉和盐。加入糖和巧克力碎搅拌，在干性混合物的中心捏出一个凹槽。

3 将乳酪、油、香草精和鸡蛋在一起搅拌，将混合物注入干性物料中间的凹陷中。将混合物揉成粗糙的面糊。用勺子将混合物舀到纸托中，装入四分之三满即可。

4 烘烤15分钟或蛋糕完全膨胀，表面触感变硬为止。立刻将玛芬蛋糕转移到冷却架上放置冷却。

樱桃椰子杯子蛋糕

这一经典的组合口味至今仍然非常流行。如果你喜欢的话，也可以将蛋糕做成粉色或用糖霜将蛋糕表面装饰成粉色。

原料

115克糖渍樱桃
115克黄油，室温软化
115克幼砂糖
2个鸡蛋
85克自发粉
60克干椰蓉，额外准备一些用于装饰
1.5茶匙泡打粉
几滴天然食用粉色色素（可选用）

制作糖霜
175克黄油，室温软化
350克过筛糖粉
4茶匙牛乳
几滴天然食用粉色色素
25克干椰蓉
12颗糖渍樱桃

- 成品数量：12~15个

- 准备时间：15分钟
- 制作时间：15分钟
- 所需工具：15孔杯子蛋糕烤盘、蛋糕纸托、裱花袋和裱花嘴（可选用）

1 将烤箱预热到180℃。准备好烤盘和12~15个蛋糕纸托。将樱桃洗净、晾干并切成四分之一的小块。

2 将黄油、糖、鸡蛋、椰子和泡打粉在一个大搅拌碗中，用木勺或电动搅拌器搅拌至蓬松。将切块的樱桃块放入。加入几滴粉色食用色素（如果需要的话），再搅拌一下。

3 用勺子将混合物舀到蛋糕托中，烘烤15分钟或烘烤至蛋糕膨胀、表面呈金黄色，轻压蛋糕中心可以弹回的状态即可。将蛋糕转移到冷却架上冷却。

4 制作糖霜，在碗中搅打黄油。慢慢加入糖粉和牛乳，搅拌至蓬松。加入几滴粉色食用色素并搅拌调色。用勺子或裱花袋将糖霜挤到杯子蛋糕表面。在糖霜顶部撒一些干椰蓉，放一颗糖渍樱桃。

柠檬罂粟籽玛芬蛋糕

罂粟籽给这款蛋糕赋予了有趣的口感，当做夏日小食品尝是再好不过的。

• 成品数量：12个

• 准备时间：10分钟
• 制作时间：15分钟

• 所需工具：12孔玛芬蛋糕模具、蛋糕纸杯

原料

250克自发粉
1茶匙泡打粉
1/4茶匙盐
125克幼砂糖
1块擦碎的柠檬皮
1勺罂粟籽
100毫升全脂牛奶
100毫升普通酸奶
3.5汤匙葵花籽油
1个大鸡蛋，打散
2汤匙柠檬汁

制作糖浆

2汤匙柠檬汁
150克糖粉
1块擦碎的柠檬皮

1 将烤箱预热到200℃，准备好模具和蛋糕纸托。

2 在一个大碗中筛入面粉、泡打粉和盐。用气球形打蛋器把上述原料糖、柠檬皮和罂粟籽搅拌在一起。

3 用量杯称量牛奶、酸奶和葵花籽油，加入鸡蛋和柠檬汁，搅拌均匀。

4 把液体物料倒进干性物料中间，用木勺搅拌至结合。注意不要搅拌过度。

5 将混合物平均加入每个纸杯中，在烤箱中层烘烤15分钟，直到玛芬蛋糕呈浅棕色并膨胀起来。将蛋糕移出烤箱，在模具中冷却5分钟，然后移到冷却架上完全冷却。

6 当玛芬蛋糕冷却后，将柠檬汁和糖粉混合制成稀薄的糖霜，将糖霜以“Z”字型来回淋到蛋糕表面，最后在顶部撒上柠檬皮。

咖啡核桃杯子蛋糕

核桃让这款杯子蛋糕非常有嚼劲。同时，咖啡糖霜的口感也非常的温润、丝滑。

• 成品数量：12~15个

• 准备时间：15分钟
• 制作时间：15分钟

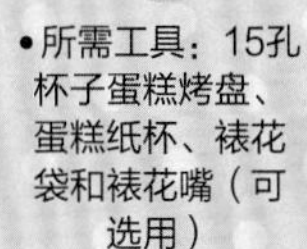

• 所需工具：15孔杯子蛋糕烤盘、蛋糕纸杯、裱花袋和裱花嘴（可选用）

• 冷冻保藏期：12周

原料

115克黄油，室温软化
115克幼砂糖
115克自发粉
半茶匙泡打粉
2个鸡蛋
2茶匙速溶咖啡粉，用2茶匙热水溶解
85克的核桃仁，需仔细切碎

制作咖啡糖霜

1汤匙速溶咖啡粉，用1汤匙热水溶解
175克黄油，室温软化
350克过筛的糖粉
12~15块的半边核桃仁

1 将烤箱预热到180℃。准备好12~15个蛋糕纸杯

2 在一个大搅拌碗中放入黄油、幼砂糖、面粉、泡打粉、鸡蛋和咖啡混合物。用木勺或电动搅拌器搅拌至蓬松。用金属勺子加入核桃碎。

3 将混合物舀到蛋糕纸杯中，烘烤15分钟至蛋糕膨胀、呈金黄色，且轻轻按压中心可以弹回的状态。将蛋糕转移到冷却架上冷却。

4 制作糖霜，将咖啡混合物放在碗中。加入黄油搅拌，边搅拌边加入糖粉，搅拌至蓬松。用勺子或用裱花袋将糖霜挤到冷却的杯子蛋糕顶部。最后用半边核桃仁来装饰。

蓝莓玛芬蛋糕

如果你不喜欢蓝莓的话，可以试试使用新鲜的树莓。在这款蛋糕中也可以使用橙皮来替代柠檬皮。

• 成品数量：12个

• 准备时间：15分钟
• 制作时间：20分钟

• 所需工具：12孔玛芬蛋糕模具、蛋糕纸杯

原料

50克黄油
250克自发粉
1茶匙泡打粉
75克幼砂糖
1个柠檬的皮，磨碎（可选用）
一小撮盐
250克普通酸奶
2个大鸡蛋，轻轻敲碎
250克蓝莓

1 将烤箱预热到200℃。准备好模具和蛋糕纸杯，放在一旁待用。在一个小平底锅中融化黄油，然后放置冷却。将面粉筛入一个大碗中，混入泡打粉、糖和柠檬皮（如果需要的话），加入一小撮盐，搅拌均匀。在混合物的中心按出一个凹陷。

2 将酸奶、鸡蛋、冷却的融化黄油在一个大杯中混合之后，倒入干性物料中，加入蓝莓。混合均匀，但不要过度搅拌，否则玛芬蛋糕的口感会变得粗糙。面糊可以有轻微颗粒感。

3 用勺子将面糊均匀舀入蛋糕纸杯，烘烤20分钟直到蛋糕膨胀且呈金黄色。在模具中冷却5分钟，然后可以立刻食用或放置冷却后食用。

浆果杏仁蛋糕

你也可以用杏子、桃或者李子来代替这款多汁口感蛋糕中的浆果，但要确保所用的水果都已成熟。

•成品数量：6个

•准备时间：15分钟
•制作时间：30~35分钟

•所需工具：6孔玛芬蛋糕模具、蛋糕纸杯。

原料

100克糖粉
45克普通面粉
75克杏仁碎
3个大鸡蛋，取蛋白
75克无盐黄油，融化
150克新鲜浆果杂果，如蓝莓和树莓等

1 将烤箱预热到180℃。将糖粉和面粉筛入碗中，加入磨碎的杏仁搅拌。另取一个碗，用电动搅拌器打发蛋白直到形成柔软的尖峰。

2 轻轻将面粉混合物和融化的黄油加入打发的蛋白中，揉成光滑的面糊。将面糊舀入蛋糕纸杯中，放进模具。撒上浆果，把浆果轻轻按进面糊至浆果恰好陷进去。烘烤30~35分钟，或蛋糕呈黄棕色且膨胀起来。将蛋糕在模具中冷却。

树莓杯子蛋糕

这款优雅的杯子蛋糕是与下午茶咖啡完美搭配的点心。其中树莓与白巧克力的组合更是绝配。

• 成品数量：18~20个

• 准备时间：15分钟
• 制作时间：18分钟

• 所需工具：
2×12孔杯子蛋糕烤盘、蛋糕纸托

原料

225克无盐黄油，室温软化
225克幼砂糖
225克自发粉
1茶匙泡打粉
4个鸡蛋
3汤匙杏仁碎
150克树莓，另额外准备18~20颗，用于装饰
175克白巧克力，额外准备磨碎的巧克力，用于装饰

1 将烤箱预热到180℃。准备好烤盘和纸托，放在一旁待用。

2 将黄油、砂糖、面粉、泡打粉和鸡蛋放在一个大碗中，用电动搅拌器搅拌2~3分钟直至均匀。加入杏仁碎和树莓搅拌。将混合物舀入蛋糕纸托，烘烤18分钟或直到蛋糕膨胀、呈金棕色。放到冷却架上完全冷却。

3 将白巧克力放在碗中，置于装有温开水的锅中，直到巧克力融化。将巧克力撒到蛋糕表面。用磨碎的白巧克力（见29页）和树莓装饰每一个蛋糕。

草莓奶油杯子蛋糕

这款杯子蛋糕的内部充有新鲜草莓制成的馅料。这款柔软可口的蛋糕作为下午茶或甜品都是极好的选择。

• 成品数量：12个

• 准备时间：15分钟
• 制作时间：12分钟

• 所需工具：12孔杯子蛋糕烤盘、蛋糕纸杯、裱花袋和裱花嘴（可选用）

原料

2个蛋糕，蛋清蛋黄分离
115克幼砂糖
85克无盐黄油，室温软化
85克自发粉
30克玉米淀粉
半茶匙香草精

馅料和顶部装饰
225克草莓
30克幼砂糖
一些柠檬汁
150毫升浓奶油

1 将烤箱预热到200℃。准备好烤盘和12个蛋糕纸托。

2 将蛋白放入一个干净干燥的金属碗中，用搅拌器打至出现硬挺的尖峰，然后拌入1汤匙糖，放在一旁。在另一个碗中，用木勺或电动搅拌器，将黄油和糖搅拌至蓬松。打入蛋黄。在表面筛入面粉和玉米粉，再加入两汤匙热水和香草精一起搅拌。轻轻地将打发的蛋白用一把金属勺子拌入混合物。不要过度搅拌，但要确保蛋白和混合物充分结合。

3 用中型汤匙将混合物舀入蛋糕纸杯中，烘烤12分钟或蛋糕膨胀，颜色呈金黄色，轻轻按压蛋糕中心能够弹回的状态。转移到冷却架上冷却。

4 制作馅料和顶部装饰，选择六颗小的或三颗大的草莓，切成1/2或1/4大小，连同绿色的梗一起用作装饰。在草莓上撒上一些糖，再淋上几滴柠檬汁。将奶油和上次的糖一起打，发至出现尖峰。

5 在每个蛋糕的顶部切下一小块，在中间制作一个小洞，边缘留下5mm的空间。注入打散的草莓。用勺子或裱花袋，将打发的奶油挤在每个蛋糕的顶部，并放上切成一半或1/4大小的草莓。将之前切下来的部分按适合的角度放回原位，轻轻压实。

柠檬蓝莓玛芬蛋糕

这款如同羽毛般轻盈的玛芬蛋糕上面涂着的柠檬汁，赋予了这款蛋糕浓烈的口感。推荐趁热享用这款蛋糕。

原料

60克无盐黄油
300克普通面粉
1汤匙泡打粉
一小撮盐
200克幼砂糖
1个鸡蛋
一个柠檬取皮磨碎，果肉榨汁
1茶匙香草精
250毫升牛乳
225克蓝莓

• 成品数量：12个

• 准备时间：20~25分钟
• 制作时间：15~20分钟

• 所需工具：12孔玛芬蛋糕模具、蛋糕纸托

• 冷冻保藏期：最长4周

1 将烤箱预热到220℃。在一个中低温度的锅中融化黄油。在一个碗中筛入面粉、泡打粉和盐。取2汤匙糖放在一旁，并将其余的糖拌入面粉。在干性混合物中做出一个凹陷。

2 另取一个碗，轻轻搅拌鸡蛋，直至混合均匀。加入融化的黄油、柠檬皮、香草精和牛奶。将混合物搅打至起泡。慢慢且连续地将鸡蛋混合物倒到干性混合物的凹陷里。用硅胶刮板慢慢地将干性混合物搅拌成一个光滑的面团。轻轻地揉进蓝莓，注意不要把水果揉碎。不要过度搅拌，否则烤出来玛芬蛋糕会发硬。将所有原料搅拌均匀即可。

3 将蛋糕纸托放进模具里。用勺子舀进面糊，舀至3/4满即可。烘烤15~20分钟或拔出插入蛋糕中心的竹签是干净的为止。让蛋糕稍微冷却，然后转移到冷却架上。

4 在一个小碗中，搅拌剩余的糖和柠檬汁，直到糖溶化为止。趁玛芬蛋糕还温热时，将每个蛋糕的顶部浸入糖和柠檬的混合物中。将玛芬蛋糕正面朝上放在冷却架上，刷上剩余的柠檬糖浆。温热的玛芬蛋糕会最大限度地吸收柠檬糖浆。

蝴蝶繁花杯子蛋糕

这款诱人的杯子蛋糕上铺满了丰富的香草奶油糖霜，上面点缀着美丽的翻糖蝴蝶，并放置在精美的蕾丝边杯子蛋糕托中。架子上摆放着桃型的杯子蛋糕，顶部点缀着简洁优雅的花朵。

• 成品数量：18~20个

• 所需时间：需要一天半时间，含装饰物干燥的时间

• 所需工具：翻糖擀面杖、蝴蝶形活塞切割模具（中号、小号）、花朵形活塞切割模具（中号）、裱花袋配大号星形裱花嘴（如惠尔通1M号）、蕾丝边饰杯子蛋糕纸托

原料

200克普通面粉，过筛
2茶匙泡打粉
200克幼砂糖
半茶匙盐
100克黄油，室温软化
3个鸡蛋
150毫升牛奶
1茶匙香草精

制作蝴蝶和花朵

玉米面粉，用于撒粉
200克粉色翻糖，增稠处理（见52页）
200克白色翻糖，增稠处理（见52页）

制作糖霜

1千克奶油糖霜（见38页），将其中一半用桃红色色膏调色。

1 在你打算享用这款蛋糕的前一天，在一个平整的表面上撒上玉米淀粉，将粉色翻糖擀成大约1mm厚。用活塞式切割模具裁切除10只中号和10只小号的蝴蝶。在蝴蝶的中部轻轻折起，下面垫上烘焙用纸，将蝴蝶沿着一本翻开的书中间摆放，对准折痕，放置过夜至干燥定型。将增稠的白色翻糖在撒过玉米面粉的桌面上擀成1mm厚，用花朵形的活塞式切割模具裁切出10朵花。放置在烘焙用纸上过夜干燥定型。

2 制作杯子蛋糕，将烤箱预热到180℃。在一个碗中放入面粉、泡打粉、幼砂糖、盐和黄油。用指尖混合原料直到呈良好的面包屑状。在另一个碗中，将鸡蛋、牛奶和香草精搅拌至均匀。将鸡蛋混合物慢慢倒入干性物料中，始终保持搅拌。轻轻搅拌直到混合物变得光滑，将蛋糕面糊倒进量杯中。

3 准备好烤盘和蛋糕纸托，用甜点勺将一勺面糊舀进纸杯。在已预热的烤箱中烘烤20~25分钟，直到触碰蛋糕表面可以弹回。放置2~3分钟，然后将杯子蛋糕放进冷却架上完全冷却。

4 用锥形法（见35页）向冷却的杯子蛋糕中心注入奶油糖霜。用抹刀，将未调色的糖霜涂抹在6块蛋糕上。在裱花袋中装上桃红色的糖霜，安装上星形裱花嘴，挤在其余的蛋糕上。将翻糖装饰物的背面润湿，然后轻轻压贴在蛋糕裱花的顶部。

巧克力糖霜杯子蛋糕

孩子们会很喜欢这款带有光滑口感巧克力糖霜的精致蛋糕。

• 成品数量：12个

• 准备时间：25分钟
• 制作时间：20分钟

• 所需工具：12孔玛芬蛋糕模具、玛芬蛋糕纸托

• 冷冻保藏期：未撒糖霜时，冷冻保藏3个月

原料

125克无盐黄油，室温软化
125克幼砂糖
2个大鸡蛋，打散
125克自发粉，过筛
1茶匙纯香草精
1汤匙牛奶，如果需要的话

制作糖霜
100克糖粉
15克可可粉
100克无盐黄油，软化
几滴纯香草精
25克牛奶巧克力或黑巧克力，用蔬菜削皮器削成卷

1 将烤箱预热到190℃。准备好玛芬蛋糕模具和12个玛芬蛋糕纸托。将黄油和糖放在一个碗中，用木勺、手持电动搅拌器或手动搅拌器搅拌成颜色暗淡、蓬松的糊状。一次一个加入鸡蛋，每次加入一点面粉。加入香草精，然后加入剩余的面粉，搅拌至均匀光滑——混合物应可以很容易从勺子或搅拌器表面滴落。如果不能的话，可以加入牛奶搅拌。

2 用两把茶匙将混合物平均地舀到玛芬蛋糕纸托中，烘烤20分钟或直到蛋糕膨胀、表面呈金黄色，表面触感变硬为宜。将杯子蛋糕转移到冷却架上冷却。

3 制作糖霜，将糖粉和可可粉筛入一个碗中，加入黄油和香草精，用电动或手动搅拌器将混合物搅拌至蓬松。将糖霜涂在蛋糕上，在顶部挤出一个螺旋形。将削出的巧克力碎片撒在蛋糕上。

杯子蛋糕花束

在杯子蛋糕上挤出不同样式的花朵，将它们放在陶瓷花瓶里，在任何场合都能成为众人注目的焦点。你也可以选用一个大些的花瓶放上蛋糕来供大家享用。裱花需要长时间的练习才能熟练掌握，但最终的效果绝对值得你付出努力。

• 成品数量：12个

• 制作时间：1.5小时

• 所需工具：大号裱花袋配注射裱花嘴或普通圆口裱花嘴、大号落花形裱花嘴（如惠尔通2D型号）、聚苯乙烯球，直径10cm、陶瓷花瓶、直径12.5cm、装饰彩带

原料

12个杯子蛋糕（见96页，第2步、第3步）
100克奶油糖霜（见38页）
100克奶油糖霜，调成浅粉色
100克奶油糖霜，调成玫红色
25克蛋白糖霜（见39页）

1 在杯子蛋糕冷却之后，在每个杯子蛋糕中心注入一些奶油糖霜，使用大号裱花袋配普通圆口裱花嘴或注射裱花嘴。

2 用相同的裱花袋装上大号的落花形裱花嘴，在4个杯子蛋糕上挤出玫瑰花型。从蛋糕中心开始，逆时针螺旋向外裱花，均匀用力，直到蛋糕表面被花朵覆盖住。

3 清洗裱花袋或换用一个新的裱花袋，配上相同的裱花嘴，装满浅粉色的奶油糖霜。再用相同的技法对4个蛋糕进行裱花。再用玫红色的糖霜按相同步骤对其余的蛋糕裱花。将所有裱花完成的蛋糕放置5分钟。

4 把聚苯乙烯球放在花瓶里，从表面插入6根取食签，相隔大约9cm。在蛋糕纸托底部涂一点蛋白糖霜，将蛋糕插入竹签的一头固定好，竹签的另一端插在聚苯乙烯球上。将蛋糕固定30秒，直到糖霜开始干燥。对另一个蛋糕重复进行此操作，然后对另外颜色的2个蛋糕重复处理。

5 将花瓶用装饰彩带绑好，打一个漂亮的结。将其余的蛋糕环绕放在花瓶旁边。

把如下操作结合到一起

填充杯子蛋糕
（见35页）

制作奶油糖霜玫瑰花
（见41页）

迷你蛋糕与棒棒糖蛋糕

白巧克力蛋糕

这款美味的蛋糕上点缀着核桃碎。

• 成品数量：9

• 准备时间：10分钟
• 制作时间：30~35分钟

• 所需工具：16cm深的方形蛋糕模具

原料

50克无盐黄油，室温软化
50克幼砂糖
1茶匙纯香草精
2个中等大小的鸡蛋，轻轻打散
100克自发粉
200克白巧克力，细细切碎
100克核桃，切碎

蛋糕顶部

200克白巧克力
50克核桃，切碎用于装饰

1 将烤箱预热到160℃。将方形深口模具用黄油润滑。准备好烘焙用纸，放在一旁待用。

2 将黄油、糖和香草精在一个碗中，用电动搅拌器或木勺搅拌至松发、光滑细腻。每次加入少量蛋液，每次加入后都要搅拌均匀。轻轻揉入面粉，随后加入巧克力和核桃碎。

3 将混合物装进模具中，把顶部抹平整。烘烤30~35分钟或直到蛋糕定型为宜。将蛋糕在模具中冷却10分钟后，移到冷却架上冷却。

4 制作蛋糕顶部，将巧克力放在一个隔热碗中，把碗放在温热的水中融化巧克力，直到巧克力变得顺滑有光泽。将巧克力均匀地涂抹在冷却的蛋糕表面。放置定型后，用核桃碎进行装饰，并切成9块。

巧克力熔岩蛋糕

这款蛋糕通常被认为是餐厅专属的甜点，实际上在家里也可以简单快速地做出这款令人惊喜的巧克力熔岩蛋糕。

•成品数量：4个

•准备时间：20分钟
•制作时间：5~15分钟

•所需工具：4个150毫升布丁模具，或10cm宽的蛋糕盅

•冷冻保藏期：未烘烤时最多保存1周

原料

150克无盐黄油，切小块，额外准备一些用于润滑
1汤匙普通面粉，用于撒粉
150克高品质黑巧克力，切片
3个大鸡蛋
75克幼砂糖

1 将烤箱预热到200℃。用黄油将布丁模具或蛋糕盅的边缘完全润滑。在内部撒一点面粉，然后通过晃动让内部的黄油都沾上薄薄一层面粉。将多余的面粉轻轻拍出来。在模具的底部放上一小片烘焙用纸。

2 将隔热碗放在温热的水上方，在碗中融化巧克力和黄油，来回搅拌。确保碗的底部不要与水接触。稍微冷却一下。

3 另取一个碗，将鸡蛋和糖搅拌均匀。当巧克力混合物稍微冷却后，将混合物加入鸡蛋和糖中，搅拌至充分融合。在混合物上方筛入面粉，轻轻糅合。

4 将混合物按模具个数分份加入模具，确保不要加到模具顶部。在这一步，可以将蛋糕冷藏数小时或过夜，只要蛋糕在进烤箱之前回复到室温即可。

5 如果使用模具，将蛋糕在烤箱烘烤5~6分钟；若使用蛋糕盅则烘烤12~15分钟。烤到蛋糕边缘触感硬实，中间触感柔软为宜。用刀沿着模具或蛋糕盅的边缘划圈，将蛋糕移到独立的餐盘中。可以将餐盘扣在模具口上，将模具倒置取出蛋糕。将每个蛋糕轻轻从模具或蛋糕盅移出，撕掉烘焙用纸。最好马上食用。

草莓奶油无比派

这种有草莓夹层的无比派是一款极具魅力的下午茶点。

• 成品数量：10个

• 准备时间：40分钟
• 制作时间：12分钟

• 冷冻保藏期：未夹心时最多4周

原料

175克无盐黄油，室温软化
150克浅色红糖
1个大鸡蛋
1茶匙香草精
225克自发粉
75克可可粉
1茶匙泡打粉
150毫升全脂牛奶
2汤匙希腊酸奶或浓的普通酸奶
150毫升浓奶油，打发
250克草莓，切薄片
糖粉，用于撒粉

1 将烤箱预热到180℃。在烤盘底部垫上烘焙用纸。将黄油和糖搅拌至蓬松。加入鸡蛋和香草精。在另一个碗中筛入面粉、可可粉和泡打粉。将干性物料和牛奶交替加入揉成面团，每次加入一勺。加入酸奶。

2 在烤盘中加入20汤匙的面糊，留有空间让混合物铺满盘底。将汤匙在温水中浸泡一下，将面糊的表面抹平。

3 烘烤12分钟至膨胀。上面铺满一层草莓之后，盖上另一半蛋糕。在顶部撒上糖粉后即可食用。

香蕉巧克力碎乳酪小蛋糕

这款精致的蛋糕是一款你宴请宾朋的大餐最后的绝妙甜品。

•成品数量：12个

•准备时间：40分钟，不算冷却的时间

•所需工具：12孔玛芬蛋糕模具，蛋糕纸托

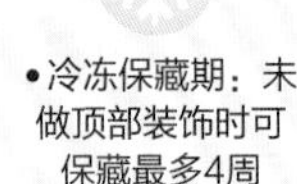

•冷冻保藏期：未做顶部装饰时可保藏最多4周

原料

125克黄油酥饼干
25克黄油
100克白巧克力，切成薄片
200克奶油奶酪，室温软化
2个大鸡蛋，蛋清蛋黄分离
100毫升浓奶油
15克袋装吉利丁
50克幼砂糖
2根香蕉
半个柠檬榨汁
50克黑巧克力，切碎，用于装饰

1 把蛋糕托放进模具中。将黄油酥饼干压碎——将饼干放进塑封袋中，用擀面杖碾压直到饼干完全被压碎。在小锅中融化黄油，然后加入饼干碎末搅拌至混合均匀。将混合物平均舀到每个蛋糕托中并压实，然后放进冰箱冷藏30分钟。

2 在碗中隔温水融化巧克力，反复搅拌，放在一旁待用。在一个大碗中搅拌奶油奶酪、蛋黄和奶油直到光滑，然后加入融化的巧克力继续搅拌。

3 在小锅中加入三汤匙凉水，撒入吉利丁至溶解，然后小火加热，持续搅拌；不要将水煮沸。当吉利丁完全溶解时，将小锅从热源移开，把吉利丁加入乳酪蛋糕混合物中搅拌。

4 打发蛋白直到出现硬挺的尖峰。继续搅拌的同时加入糖。将蛋白和糖的混合物加入乳酪蛋糕混合物中。将这些混合物平均地舀入蛋糕托中，放进冰箱冷藏至少3小时。定型之后，小心地将乳酪蛋糕从蛋糕托中取出，取出之前先用餐刀松动蛋糕。将香蕉切片，浸入柠檬汁中防止香蕉被氧化变色。用切片的香蕉和巧克力碎（见29页）来装饰蛋糕的顶部。

威尔士蛋糕

仅需数分钟你就可以做出这款源于威尔士地区的传统蛋糕，它简单到你甚至不需要预热烤箱。

•成品数量：24个

•准备时间：20分钟
•制作时间：16~24分钟

•所需工具：5cm糕点切割模具、大号平底煎锅、铸铁煎锅或平底烤盘

•冷冻保藏期：最长4周

原料

200克自发粉，额外准备一些用于撒粉
100克无盐黄油，冷藏并切块，额外准备一些用于油炸
75克幼砂糖，额外准备一些用于撒粉
75克无核葡萄干
1个大鸡蛋，打散
一些牛奶（如果需要的话）

1 在一个大碗中筛入面粉。将磨碎的黄油加入面粉，搅拌至混合物呈面包屑状。加入糖和葡萄干混合。加入鸡蛋。

2 搅拌以上原料，用手将混合物揉成球形。需要将面团揉至紧实，但过硬时需要加入少量牛奶。

3 在撒过粉的操作台上，将面团擀成5mm厚，用糕点切割模具切成圆盘形。

4 将平底锅、煎锅或烤盘用中低火加热。加入一些黄油融化，分批煎烤蛋糕，每一面2~3分钟直到蛋糕膨胀起来颜色呈金棕色，将蛋糕煎熟。

5 未上桌之前，在蛋糕还热的时候，撒上一些幼砂糖。威尔士蛋糕需要趁热立刻食用。

岩石蛋糕

这款蛋糕在文艺复兴时代的英国颇为流行。用正确方法制作的岩石蛋糕，口感非常的轻盈、酥脆。

• 成品数量：12个

• 准备时间：15分钟
• 制作时间：15~20分钟

• 冷冻保藏期：最长4周

原料

200克自发粉
一小撮盐
100克无盐黄油，冷冻并切成小块
75克幼砂糖
100克什锦果干（如葡萄干、无核葡萄干和去皮杂果干等）
2个鸡蛋
2汤匙牛奶，如果需要可多准备一些
半茶匙香草精

1 将烤箱预热到190℃。在一个大碗中，将面粉盐和黄油搅拌在一起直到混合物呈细密的面包屑状。拌入糖，然后加入水果干搅拌均匀。

2 在量杯中，加入牛奶、鸡蛋和香草精拌匀。在面粉混合物的中间挖一个洞，将鸡蛋混合物倒进去。持续搅拌，直到形成硬实的混合物。如果混合物过硬的话，可以加入一些牛奶。

3 在两个烤盘中放入烘焙用纸。在每个烤盘中放入两大汤匙混合物，留有空间让蛋糕面糊均匀散开。在烤箱中心烘焙15~20分钟直到颜色呈金棕色。转移到冷却架上稍微冷却，分块并趁热食用。

核桃小蛋糕

这是一款非常美味的小蛋糕，特别适合放在餐盒中，或给孩子作为放学之后的小零食。

•成品数量：12个

•准备时间：15分钟
•制作时间：10~12分钟

•所需工具：12孔无柄杯子蛋糕烤盘

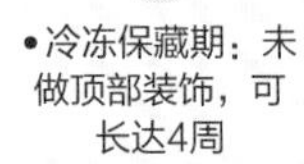

•冷冻保藏期：未做顶部装饰，可长达4周

原料

115克黄油，切小块
175克自发粉
60克粗小麦粉或者大米粉
85克金黄砂糖
115克红枣，细细切碎
60克核桃，切碎
2个大鸡蛋，打散
1茶匙香草精

制作蛋糕顶部

1汤匙速溶咖啡
115克金黄糖粉
12粒半片核桃仁，用于装饰

1 将烤箱预热到190℃。在一个大碗中，将黄油和面粉搅拌均匀。加入粗小麦粉或大米粉搅拌在一起。

2 加入糖、红枣和核桃，将所有原料混合在一起。加入鸡蛋和香草精并搅拌成干性的混合物。

3 将混合物分成12等份，放入12孔烤盘中。在烤箱上层烘焙10~12分钟。从烤箱中移出并放置冷却。

4 制作蛋糕顶部，将速溶咖啡加入一汤匙开水溶解。在咖啡液中加入糖粉搅拌到形成黏稠的混合物。将混合物淋到蛋糕表面最后用半片核桃进行装饰，放置定型。

翻糖小方糕

这款小的方形蛋糕有着非常精致的外观和甜美的口感，这些小蛋糕非常适合在孩子们的宴会上制作。

•成品数量：16个

•准备时间：20~25分钟
•制作时间：25分钟

•所需工具：20厘米方形蛋糕模具、蛋糕纸托

原料

175克无盐黄油，室温软化，额外准备一些用于润滑
175克幼砂糖
3个大鸡蛋
1茶匙香草精
175克自发粉，过筛
2汤匙牛奶
2~3汤匙树莓或红樱桃蜜饯

制作黄油乳脂

75克无盐黄油，室温软化
150克糖粉

制作糖霜

半个柠檬榨汁
450克糖粉
1~2滴天然粉色素
翻糖花朵，用于装饰

1 将烤箱预热到190℃。用黄油润滑模具，在模具中放入烘焙用纸。将黄油和糖在一个大碗中搅拌至松发，置于一旁。

2 在另一个碗中轻轻搅拌鸡蛋和香草精。向黄油混合物中加入1/4的鸡蛋混合物和一汤匙面粉，搅拌均匀。加入剩余的鸡蛋混合物，多次少量加入，边加入边搅拌。加入剩余的面粉和牛奶，揉至均匀。

3 将混合物倒入模具中，在烤箱中层烘烤25分钟或直到颜色呈浅金黄色且轻触表面可以弹回。将蛋糕移出烤箱在模具中放置冷却10分钟，将蛋糕转移到冷却架上放置冷却。取走烘焙用纸。

4 制作奶油糖霜，将糖粉和黄油搅拌至均匀，放置一旁。用锯齿蛋糕刀将蛋糕水平切开，在一半蛋糕上铺满水果蜜饯，在另一半上涂抹奶油糖霜，将两半蛋糕拼在一起，然后切成16个相同大小的方块。

5 制作糖霜，将柠檬汁放在量杯中，加入60毫升热水。加入糖粉搅拌，一边搅拌一边持续加入热水直到混合物光滑，加入粉色色素搅拌均匀。

6 用抹刀将蛋糕放在置于碟子上方的冷却架上（碟子用于接住滴落的液体）。将糖液全部洒在蛋糕表面，或只洒在蛋糕表面，让其流动铺满蛋糕侧边形成可见的糖霜层。用翻糖花朵装饰蛋糕顶部，然后放置定型15分钟。用一把干净的抹刀将每块蛋糕放置到一个纸托中。

太妃布丁

这是一款英式的传统布丁，作为一款独立的甜品是极好的选择。口感丰富的太妃酱赋予这款蛋糕恰到好处的甜度。

• 成品数量：8个

• 准备时间：20分钟
• 制作时间：20~25分钟

• 所需工具：8个200毫升布丁杯

• 冷冻保藏期：最长8周

原料

125克无盐黄油，室温软化。额外准备一些用于润滑
200克去核大枣（最好是甜枣）
1茶匙小苏打
225克自发粉
175克黑糖或红糖
3个大鸡蛋

制作太妃酱
150克黑糖或黄糖
75克无盐黄油，切小块
150毫升浓奶油
一小撮盐
稀奶油

1 将烤箱预热到190℃。用黄油润滑布丁杯，所有角落都要润滑。

2 在小锅中，将枣加入小苏打和200毫升温水煮，直到枣变软。用料理机或搅拌机将枣打成泥。

3 在混合碗中筛入面粉。加入黄油、糖和鸡蛋，用电动搅拌器搅拌均匀，混入枣泥。将混合物倒入布丁杯中，放进烤盘。

4 烘烤20~25分钟直到表面变硬。烘烤的同时制作太妃酱。在平底锅中加热糖、黄油和奶油，持续搅拌直到黄油和糖融化，变得光滑。加入盐，让混合物沸腾2~3分钟。趁蛋糕温热时，淋上太妃酱和一些稀奶油。

草莓松饼

这款甜美的草莓松饼是一道适合夏日享用的清新甜品。

•成品数量：6个

•准备时间：15~20分钟
•制作时间：12~15分钟

•所需工具：7.5厘米的蛋糕切割模具

•冷冻保藏期：未填充夹心时长达4周

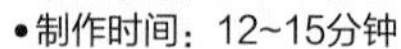

原料

60克无盐黄油，额外准备一些用于润滑
250克普通面粉，过筛，额外准备一些用于撒粉
1汤匙泡打粉
半茶匙盐
45克幼砂糖，额外准备一些用于撒粉
175毫升浓奶油，如果有需要，额外准备一些

制作稀果酱

500克草莓，去梗
2~3汤匙糖粉
2汤匙樱桃酒（可选用）

制作夹心

500克草莓，去梗切片
45克幼砂糖，另准备2~3汤匙
250毫升浓奶油
1茶匙香草精

1 将烤箱预热到220℃，用黄油润滑烤盘。取一个碗，混合面粉、泡打粉、盐和糖。搅拌至形成面包屑状。加入奶油，搅拌；如果混合物干燥的话再加入奶油，边加入奶油边用指尖搅拌直到形成屑状。

2 将屑状混合物揉成球形面团。在撒粉的台面上揉搓面团。将面团拍成圆形，约1cm厚，然后用切割模具切成6块圆形。将面团放进烤盘烘烤12~15分钟。放在冷却架上冷却。

3 制作稀果酱，将草莓打成泥，然后拌入糖粉和樱桃酒（如果要用到的话）。

4 制作夹心，将草莓和糖混合在一起。将奶油打发成柔软的尖峰状（见30页）。加入2~3汤匙的糖和香草精，打发成硬挺的尖峰状。将蛋糕切成两层。将草莓放置在底层，然后涂上奶油。盖上另外一层之后撒上幼砂糖。在蛋糕旁边洒一点樱桃酒，马上享用吧！

巧克力香草无比派

这款现代经典风格的多层蛋糕三明治可以让你轻松俘获大群好友的味蕾。

• 成品数量：10个

• 准备时间：40分钟
• 制作时间：12分钟

• 冷冻保藏期：未加夹心时可保存4周

原料

175克无盐黄油，室温软化
150克浅色红糖
1个大鸡蛋
1茶匙香草精
225克自发粉
75克可可粉
1茶匙泡打粉
150毫升全脂牛奶
2汤匙希腊酸奶或浓厚的普通酸奶

制作香草奶油糖霜

100克无盐黄油，室温软化
400克糖粉
2茶匙香草精
2茶匙牛奶，如果需要的话可额外准备一些
白巧克力和黑巧克力，用于装饰

1 将烤箱预热到180℃。准备几个烤盘，垫好烘焙用纸。将黄油和红糖搅拌成蓬松的糊状。向糊状物中加入鸡蛋和香草精。取一个碗，筛入面粉、可可粉和泡打粉。轻轻地将一勺干性物质舀入蛋糕面糊中。加入一些牛奶。重复以上操作直到牛奶和干性物质混合完全。加入酸奶搅拌。

2 将20汤匙的混合物舀入烤盘中，留有空间让混合物铺满烤盘。将一把汤匙蘸在温水中，用它将面糊表面涂抹光滑。烘烤约12分钟，直到拔出插入的竹签时是干净的。放到冷却架上冷却。

3 制作奶油糖霜夹心，将糖、一半糖粉和香草精用木勺搅拌到一起。然后换用搅拌器搅拌5分钟直到混合物蓬松。如果混合物过于坚硬，用额外准备的牛奶来稀释，让奶油糖霜变成可以涂抹的状态。

4 将一勺奶油糖霜舀到平放的那一半蛋糕表面。将未涂糖霜的另一半盖在上面，轻轻压实。

5 装饰蛋糕，用蔬菜削皮器将白巧克力和黑巧克力削成碎屑。将剩余的糖粉放在碗里，加入1~2汤匙的水，搅拌成浓厚的糊状。将糖霜均匀涂开到每块蛋糕的顶面上。将巧克力屑撒到表面的湿糖霜上并轻轻压实。

球类运动迷你蛋糕

你可以用这款精巧的迷你蛋糕来庆祝比赛胜利，蛋糕表面的球形花纹是用印花模板来制作的。你可以将任何球类的图案印在蛋糕表面来款待宾朋。印刻图案时可以用糖霜刮刀将多余的糖霜刮去。

• 成品数量：12个

• 制作时间：2.5小时

• 所需工具：12个直径5厘米圆形蛋糕模具；翻糖擀面杖；圆形切割模具，直径15厘米和5厘米；12个直径7.5厘米圆形蛋糕托板；翻糖平整器；3种球类的印花模板；2米长的黑色丝带，1.5厘米宽

原料

175克无盐黄油，软化
175克幼砂糖
3个鸡蛋
225克自发粉
一块柠檬皮，磨碎

制作糖霜
糖粉，用于撒粉
2千克白色翻糖
泰勒粉
100克蛋白糖霜（见39页），制成黑色、红色和白色。
50克橙色翻糖，增稠（见52页）

1 将烤箱预热到180℃。将黄油和糖搅拌至蓬松。分次加入鸡蛋搅拌。再搅拌2分钟，直到表面出现气泡为止。筛入面粉、加入柠檬皮，搅拌至混合物表面光滑。

2 将混合物平均分配到每个蛋糕模具中——大约三分之二满。烘烤15~25分钟直到竹签拔出时是干净的。让蛋糕在模具中冷却一会儿之后，转移到冷却架上。用奶油糖霜抹平蛋糕碎屑。

3 在撒有糖粉的台面上，将白色翻糖擀成5mm厚。用大号切割模具裁切出12个圆。用它们覆盖在每个蛋糕的表面。裁掉多余的部分。在每个蛋糕托板上涂一点奶油糖霜，然后将盖好翻糖的蛋糕放上去。用翻糖平整器来对蛋糕顶面整形。

4 用泰勒粉对剩余的白色翻糖进行增稠（见52页），然后擀成3mm厚。用刀切割成8块正方形，边长6cm。将足球图案的印花模板放在一块正方形翻糖上，上面涂抹黑色的蛋白糖霜。揭掉印花模板，再在另外3块翻糖上重复制作。再用红色糖霜在4块翻糖上印制棒球图案。切下4块方形的橙色翻糖擀成相同厚度，用印花模板和白色翻糖印上篮球的图案。

5 用小号的切割模具将球类图案切成圆形。在每个蛋糕表面拍一点水，小心地将图案贴上去。最后用丝带来点缀这些蛋糕。

婚礼迷你蛋糕

这款蛋糕包在巧克力翻糖中，上面涂有甘纳许，最后用漂亮的丝带和巧克力玫瑰做装饰。这款精美的小型婚礼蛋糕拥有理想的风味，但制作较为复杂。若要让其完全可食用，可以将丝带替换成用白巧克力制作并裁切的丝带。

• 成品数量：12个

• 制作时间：1.5天，含干燥时间

• 所需工具：12个5厘米迷你蛋糕模具；翻糖擀面杖；2.5米长的象牙色缎带，12毫米宽

原料

175克无盐黄油，软化
175克浅色红糖
3个鸡蛋
125克自发粉
50克可可粉
1茶匙泡打粉
2汤匙希腊酸奶
巧克力奶油糖霜（见38页）

制作糖霜
1.2千克黑巧克力翻糖
泰勒粉
900克黑巧克力甘纳许（见30页）
糖粉，用于撒粉
50克黑巧克力，融化
可食用胶水

1 将烤箱预热到190℃。将黄油和糖搅拌至蓬松。分次打入鸡蛋。另取一个碗，筛入所有干性原料。将面粉混合物加入面糊中，搅拌均匀。搅拌到面糊蓬松时，加入酸奶搅拌。

2 在每个迷你蛋糕模具中加入等量的混合物——约为一半到三分之二满。烘烤15~25分钟直到竹签拔出时是干净的。将蛋糕在模具中冷却，然后转移到冷却架上。当蛋糕冷却后，切成两半并充入巧克力奶油糖霜。

3 用泰勒粉将200克的黑巧克力翻糖进行增稠（见52页）并放置过夜。当翻糖变软时，用手制作12朵直径2.5厘米的玫瑰花（见11页）。放置30分钟至干燥。另取增稠的翻糖，擀成2毫米后，用玫瑰花瓣形的按压式切割模具裁切出24片花瓣。将尖端裁出曲线，然后放置30分钟至干燥。用抹刀将甘纳许涂满每个蛋糕的顶部和侧边。用糖霜刮板来平整表面。

4 在撒有糖粉的台面上，将剩余的黑巧克力翻糖擀成3毫米厚。切出12片足够大的圆形翻糖覆盖好每个蛋糕，用翻糖平整器来平整表面。将多余的翻糖切掉，放置30分钟。

5 用融化的巧克力做成玫瑰花和两片叶子放在蛋糕顶上。将丝带裁成等长的12份，系在蛋糕底部，用食用胶水粘牢。

泰迪熊迷你蛋糕

这款色彩斑斓的蛋糕表面有翻糖层和糖花膏，做成了可以堆砌的方块——在孩子的受洗日或生日庆典上都很适合。彩色翻糖的色彩会随着时间而变深，所以可以尽量使用一些亮色。

• 成品数量：10个

• 所需时间：1.5小时

• 所需工具：40个28厘米的方形蛋糕模具或迷你蛋糕模具，用黄油润滑或撒粉，用于制作10块蛋糕；翻糖擀面杖；正方形切割模具：7厘米和5厘米两种；翻糖平整器；小熊切割模具；裱花袋配裱花嘴（如PME1号和5号）

原料

200克无盐黄油，软化
200克幼砂糖
4个大鸡蛋
1茶匙香草精
200克自发粉，过筛
1茶匙泡打粉
100克香草奶油糖霜

制作装饰物
1.5千克白色翻糖
玉米面粉，用于撒粉
200克橙色、浅紫色、蓝色、绿色和粉色翻糖
可食用胶水
200克蛋白糖霜，用于裱花（见39页）
黑色、橙色、浅紫色、蓝色、绿色和粉色色膏

1 将烤箱预热到180℃。将黄油和糖搅拌至蓬松。分次将鸡蛋打入。拌入香草精并搅拌至表面出现气泡。加入面粉和泡打粉后，用金属勺搅拌均匀。将混合物舀入模具，烘烤25~30分钟直到竹签拔出时是干净的。在冷却架上冷却至少2小时，用奶油糖霜抹平碎屑（见53页）。

2 将白色翻糖放在撒过粉的台面上，用擀面杖擀成约3mm厚。切成10块足够大的正方形并盖在蛋糕上。盖上后用翻糖平整器来修整表面。裁去多余的翻糖皮并放置30分钟。

3 将橙色翻糖擀成约2mm厚并用大号切割模具裁成10块正方形，然后用小号切割模具把中间部分裁出去，留下边框。切出4个泰迪熊的形状，放在一旁风干。按上述步骤重复处理浅紫色、蓝色、绿色和粉色的翻糖。将翻糖边框的背面润湿，贴在蛋糕的表面，将连接处处理平整。用手指揉出20个白色翻糖小球，并按到小圆圈中。将背面润湿，贴到泰迪熊身上做出熊鼻子。将1号裱花嘴安装到小号裱花袋上，充入黑色蛋白糖霜。小心地将眼睛、鼻子、耳朵和嘴部等细节贴到每只熊上。

4 将剩余的蛋白糖霜分装到5个碗中，用食用色膏将翻糖调成彩色翻糖的颜色。将5号裱花嘴安装到裱花袋上，装上彩色蛋白糖霜。在每个蛋糕的两个侧面挤出字母或数字的图案，然后填充内部。将熊的背面润湿，贴到翻糖的另外两面上。

小贴士

如果你对徒手裱花不太有信心，可以使用字母或数字的压模在表面压出凹痕，随后再用裱花袋将凹痕填满。也可以从翻糖上裁出合适尺寸的图案，然后用可食用胶水将它们粘好。

巧克力软糖蛋糕球

这款必学的蛋糕给人一种很容易制作的错觉。我们可以用平时剩下的蛋糕来节省制作时间。

• 成品数量：20~25个

• 准备时间：35分钟，不算冷却时间
• 制作时间：25分钟

• 所需工具：18厘米圆形蛋糕模具

• 冷冻保藏期：未裹巧克力时最长4周

原料

100克无盐黄油，室温下软化，或使用玛琪琳，额外准备一些用于润滑
100克幼砂糖
2个鸡蛋
85克自发粉
20克可可粉
1茶匙泡打粉
1汤匙牛乳，如果需要的话可额外准备一些
250克黑巧克力
50克白巧克力

制作糖霜
125克无盐黄油
25克可可粉
125克糖粉
2汤匙牛奶，如果需要的话

1 将烤箱预热到180℃。将模具润滑并垫上烘焙用纸。将黄油和糖搅拌至蓬松。分次打入鸡蛋，搅拌至均匀黏稠。

2 将面粉、可可粉和泡打粉过筛到一起，放入蛋糕面糊中。加入足够的牛奶稀释面糊，搅拌至可以滴落的黏度。将面糊舀到模具中，烘烤25分钟直到触碰表面可以弹回，拔出竹签时是干净的。将300克蛋糕放在碗中。

3 制作糖霜，先将黄油在小火下融化。搅拌可可粉并稍微加热1~2分钟，然后移开热源并完全冷却。在小碗中筛入糖粉，加入融化的黄油和可可。将混合物搅拌均匀。如果有些干燥的话，加入牛奶，每次加入一汤匙，搅拌至糖霜表面光滑。冷却30分钟，糖霜会逐渐变得黏稠。

4 将糖霜抹到蛋糕上，一起搅拌到混合物变得光滑均匀。用干燥的双手将蛋糕揉成核桃大小的球状。将蛋糕球放在盘子上，放进冰箱冷藏3小时或冷冻30分钟直到蛋糕变硬。

5 准备两个烤盘，垫好烘焙用纸。将巧克力融化，并将蛋糕球上裹满巧克力。这步操作要快点，否则表面会开裂。用两把叉子将蛋糕球放在融化巧克力中滚动直到裹满巧克力。移开，让剩余的巧克力滴落。将裹满巧克力的蛋糕球放到烤盘里干燥。在一个碗中隔水融化白巧克力。将白巧克力用勺子撒在巧克力球上进行装饰。在摆盘上桌之前，要让白巧克力彻底干燥。

椰子白巧克力雪球蛋糕

这款蛋糕有着令人惊艳的外观的椰子蛋糕球，用来作为接待朋友的小甜品是极佳的选择。

• 成品数量：25~30个

• 准备时间：40分钟，不含冷藏时间
• 制作时间：25分钟

• 所需工具：18厘米圆形蛋糕模具

• 冷冻保藏期：未裹巧克力时，可保存4周

原料

100克无盐黄油，室温软化，或人造黄油。额外准备一些用于润滑
100克幼砂糖
2个鸡蛋
100克自发粉
1茶匙泡打粉
225克干椰蓉
250克白巧克力

制作糖霜

100克无盐黄油，室温软化
200克糖粉
2茶匙香草精
2茶匙牛乳，如果有需要的话，额外准备一些

1 将烤箱预热到180℃。润滑模具并垫好烘焙用纸。将黄油或人造黄油和糖搅拌至松发。分次加入鸡蛋搅拌。将面粉和泡打粉过筛，加入蛋糕面糊中。

2 将面糊倒进模具，烘烤25分钟。转移到冷却架上冷却，去除烘焙用纸。当蛋糕冷却后，用食品料理机将蛋糕打成碎屑。取300克放在碗中。

3 制作糖霜，将黄油、糖粉和香草精用木勺搅拌在一起。继续搅拌5分钟直到混合物变得蓬松。如果混合物变硬了，用牛奶稀释一下。

4 向蛋糕屑中加入糖粉和75克和干椰蓉，搅拌在一起。用干燥的手揉成核桃大小的球形。放在冰箱冷藏3小时或冷冻30分钟。准备两个烤盘铺好烘焙用纸，将剩余的椰蓉放在一个盘子里。

5 将巧克力放在小锅中隔水融化。将冷藏过的蛋糕球用2把叉子蘸入融化的巧克力中，要让蛋糕球完全包裹上巧克力。将蛋糕球在盘子中滚动蘸上椰蓉。这一步尽量加快操作，巧克力会很快变硬，另外如果蛋糕球在巧克力中蘸的时间过长，蛋糕会发生崩解。

蕾丝婚纱杯子蛋糕

这款杯子蛋糕用到蛋白糖霜，上面的蛇型纹路是用珠光粉裱花制成的。这款蛋糕有着和婚礼非常搭配的甜蜜口感，从外到内都和婚礼这一特别的场合非常相配。先测量出蛋糕表面的尺寸，确保翻糖珠可以恰好覆盖住蛋糕表面。

• 成品数量：12个

• 制作时间：2小时

• 所需工具：翻糖擀面杖；圆形切割模具，直径约7.5厘米；小号裱花袋；精细裱花嘴（如PME1号和2号）

原料

糖粉，用于撒粉
200克白色翻糖
12个杯子蛋糕（见66页），用奶油糖霜涂抹好（见38页）
150克蛋白糖霜，用于裱花（见39页）
可食用珠光粉
着色稀释剂或伏特加酒
12颗可食用钻石

1 在台面的表面撒上一层糖粉，将白色翻糖擀成3mm后，用切割模具裁出12个圆形。将圆形翻糖背面用少量水润湿，放在杯子蛋糕表面，贴放平整。

2 将1号裱花嘴装在裱花袋上，装入蛋白糖霜。在蛋糕表面用拉丝技法裱花（见55页）。在圆形翻糖外圈留下2mm的空隙。

3 将2号裱花嘴装在裱花袋上，在圆形翻糖的外圈挤出小圆珠（见42页）。干燥1小时或放置变硬即可。

4 将珠光粉和着色稀释剂混合，小心地在蛋糕边缘裱花描边。在蛋糕正中间点涂蛋白糖霜，将可食用的钻石贴在上面。

婚礼棒棒糖

用闪亮、可爱的装饰来装点蛋糕，为婚礼增添喜悦的气氛。这款棒棒糖蛋糕也可以让客人打包带回家——当然也可以在每张桌子上都插上一些作为装饰！

原料

48根棒棒糖蛋糕球（见36~37页）
400克象牙色即溶糖或融化的白巧克力
150克粉色即溶糖，融化的泰勒粉
25克宝石红色翻糖
25克绿色翻糖
25克白色翻糖
50克蛋白糖霜
珍珠白色珠光粉
着色稀释剂

• 成品数量：48个

• 所需时间：1天

• 所需工具：48根棒棒糖蛋糕柄，翻糖擀面杖，花朵形活塞式切割模具（小号），裱花袋和0号裱花嘴，笔刷，装饰丝带

1 将蛋糕柄插入所有的蛋糕球，静置30分钟。蛋糕冷却定型时，将36个球蘸入融化的象牙色即溶糖或白巧克力中，并竖直放置。将剩下的蛋糕球蘸入粉色的即溶糖中。

2 将一些泰勒粉揉入绿色和红色的翻糖中，并静置15分钟。用红色的翻糖制成玫瑰花，首先制作一个小核心，然后用手指捏出小的椭圆形，将底部润湿，并把椭圆形围绕着粘在核心的一圈，组成花心和花瓣，然后轻轻拉下边缘。放置在一旁。

3 将绿色的翻糖擀开，用刀切成16片小叶子。用刀背轻轻划出叶片的纹路。静置30分钟并用蛋白糖霜将叶片贴在棒棒糖蛋糕上。

4 将白色的翻糖擀成很薄，并用活塞式切割模具切成32瓣花瓣。将花瓣背面用水润湿，轻压将花瓣粘贴在粉色棒棒糖上。

5 在裱花袋中装上蛋白糖霜，在每颗粉色棒棒糖上挤出小圆点。将剩余的象牙色棒棒糖上以十字形纹路挤出小圆点。在十字纹路旁边也挤出小圆点。放置2小时干燥。

6 将珠光粉和着色稀释剂混合，在棒棒糖蛋糕上画线直到完全覆盖蛋糕。最后系上丝带，把它们展示出来吧！

圣诞棒棒糖蛋糕

这款可爱的圣诞节棒棒糖蛋糕一定能够在节日期间为你的宴会增色不少。用一点水把翻糖装饰物粘在蛋糕上。

• 成品数量：16个

• 所需时间：需要半天时间，含干燥时间

• 所需工具：16根棒棒糖蛋糕柄，翻糖擀面杖，小号裱花袋配细裱花嘴（如PME1号），装饰丝带

原料

50克棕色糖花膏
增稠过的橙色、棕色、黑色和白色翻糖各25克（见52页）
16根棒棒糖蛋糕，已插好蛋糕柄（见36~37页）
400克融化的白色巧克力
200克融化的牛奶巧克力
100克增稠的红色翻糖（见52页）
50克蛋白糖霜，用于裱花（见39页）
可食用白色色粉
可食用粉色色粉
50克绿色翻糖
可食用黑色墨水笔

1 用豌豆粒大小的棕色唐花膏做出16根鹿角。用有尖的一端擀成4cm。用橙色翻糖揉制成8根胡萝卜，将胡椒粒尺寸大小的一片翻糖拧出尖端并雕刻其表面。放置这些装饰造型到干燥。

2 将一半的棒棒糖蛋糕蘸上融化的白色巧克力，将胡萝卜鼻子安装在白色的表面上。将剩余的棒棒糖蛋糕蘸满融化的牛奶巧克力然后将鹿角安装在顶部表面。将安装好的棒棒糖蛋糕竖直放置、硬化。

3 用棕色和红色翻糖来装饰驯鹿。用裱花嘴制作出微笑的表情，用白色和黑色翻糖来制作眼睛，用蛋白糖霜在眼睛上点一个点。

4 将可食用的白色色粉撒在雪人身上，用一点可食用的粉色色粉制作出脸颊的颜色。用红色和绿色的翻糖来做成帽子和帽子上的冬青叶。将黑色翻糖擀成小球做成眼睛。用可食用黑色墨水笔来制作微笑。最后，用丝带系在棒棒糖周围进行装饰。

万圣节棒棒糖蛋糕

这款蛋糕中含有南瓜灯、幽灵猫和巫师帽三种造型，非常适合衬托万圣节宴会的气氛。可以多制作一些用来发给小朋友也可以将蛋糕竖直立起作为装饰。在制作蛋糕形状时，可以将多余的翻糖用保鲜膜包起来以后使用。

原料

25克黄色翻糖
绿色色膏
泰勒粉
玉米淀粉，用于撒粉
100克增稠的黑色翻糖（见52页）
24根带柄的棒棒糖蛋糕，未蘸取外涂层（见36~37页），8根圆锥形带平底的蛋糕（帽子形），8根带有竖直凸起的蛋糕（南瓜灯形）
400克黑色即溶糖
200克橙色即溶糖
25克粉色翻糖
可食用黑色墨水毡头笔

• 成品数量：24个

• 所需时间：1天，包含干燥时间

• 所需工具：翻糖擀面杖，圆形切割模具，5厘米，24根棒棒糖蛋糕柄

1 用绿色色膏对一些黄色翻糖调色，增稠（见52页），制成8根柄。擀好黑色翻糖，用切割模具裁出8个圆形。在中心戳出洞，放在铝箔片上。将所有的造型放置过夜干燥。

2 将帽子（锥形）和猫（圆形）蛋糕蘸上融化的黑色即溶糖，竖直放置在一旁等待硬化。将南瓜形蛋糕蘸在橙色即溶糖中，顶部插上柄。

3 将剩余的黑色翻糖擀开。裁出南瓜的形状，猫耳朵的三角形和帽子周围的绑带。放置干燥20分钟。使用黄色和粉色翻糖来制作猫的表情特征，用毡头笔为猫的眼睛添加细节。将所有的部件背面滴上一点水，贴到猫和南瓜蛋糕上。

4 将黑色的圆形翻糖润湿，套在巫师帽的蛋糕边缘。将黑色绑带润湿，贴在帽子的外侧面。

海盗棒棒糖蛋糕

这款蛋糕特别适合在海盗主题的宴会上享用。它既美味同时又易于制作——用以前剩下的翻糖来制作也是很好的。

•成品数量：24个

•所需时间：1天，包含干燥的时间

•所需工具：24根棒棒糖蛋糕柄，翻糖擀面杖，小号圆形切割模具，笔刷，小号裱花袋，裱花嘴

原料

24根棒棒糖蛋糕球（见36~37页）
150克融化的桃色即溶糖
150克融化的绿色即溶糖
50克红色翻糖
50克蓝色翻糖
泰勒粉
25克黄色翻糖
10克白色翻糖
少量黑色翻糖
2汤匙蛋白糖霜，白色
2汤匙蛋白糖霜，黑色

1 将蛋糕柄插入蛋糕球中，放置硬化，将12个蛋糕球蘸入橙色即溶糖中。竖直放置。用手将剩余的12个蛋糕捏成鹦鹉的身体。蘸入绿色即溶糖中，静置。

2 将红色翻糖擀成非常薄的一层，裁出4片圆形。将背面润湿，贴在4个粉色棒棒糖蛋糕上做成头巾的形状。重复上述操作，在4块橙色蛋糕上贴上蓝色的翻糖。

3 将剩余的红色、蓝色、黄色、白色、黑色翻糖揉入泰勒粉。用手捏出头巾上打的蓝色和红色的结，并且贴在头巾上。用黄色翻糖捏出4个鹦鹉的尖嘴，并将它稍微放置硬化一下。

4 将红色、黄色和蓝色翻糖揉成细长条，并用一点水将它们连接起来。将连接好的翻糖压平，切成8条鹦鹉的翅膀。用白色翻糖揉出8个圆点，压平并贴在鹦鹉头上作为眼睛。

5 将黑色翻糖擀薄，制成8个眼睛贴片，并蘸上一点水贴好。

6 将裱花袋装上白色的蛋白糖霜，在头巾上挤出圆点。然后将裱花袋装上黑色的糖霜，仔细地描出海盗的嘴部、眼珠和鹦鹉的眼珠。将成品展示出来之前需要放置30分钟干燥。

公主棒棒糖蛋糕

在小公主的宴会上不可能缺少这款充满吸引力的棒棒糖蛋糕。这款蛋糕可以轻松地被包装起来并送到家里。开动脑筋，让它的装饰越华丽越好！这可不是一件容易的事哦！

• 成品数量：24个

• 所需时间：1天，包括干燥时间在内

• 所需工具：24根棒棒糖蛋糕柄，翻糖擀面杖，小号心形切割模具，裱花袋配0号裱花嘴，装饰丝带

原料

24个棒棒糖蛋糕球（见36~37页）
200克融化的粉色即溶糖
200克融化的浅绿色即溶糖
25克桃红色翻糖
4汤匙蛋白糖霜，粉色
4汤匙蛋白糖霜，白色
亮粉色珠光粉（可食用）
闪光粉（可食用）

1 当蛋糕球还温热的时候，将气功12个捏成心形，放在冰箱冷藏30~40分钟。插入蛋糕柄，放置硬化一会儿，然后蘸入融化的粉色即溶糖中。竖直放置，干燥30~60分钟。

2 把蛋糕柄插入其余的蛋糕球中，蘸入绿色的即溶糖中。竖直放置干燥。

3 在蛋糕干燥期间，在撒过粉的台面上将桃红色翻糖擀薄并裁切出120个小的心形。将背面润湿，然后贴到绿色的棒棒糖蛋糕表面。

4 向粉色的蛋白糖霜中加入一小撮粉色珠光粉，装入配好裱花嘴的裱花袋。在心形棒棒糖蛋糕表面挤出很小的圆点。用新的裱花袋装上加入了闪光粉的白色糖霜并在蛋糕表面挤出很小的圆点。在蛋糕表面还略微潮湿的时候，在所有的蛋糕表面都撒上薄薄一层闪光粉。最后在蛋糕柄上系上漂亮的丝带。

小点心与切块蛋糕

双重巧克力布朗尼蛋糕

两种巧克力融合的口感一定会好于单独一种巧克力。这款美味的蛋糕具有丰富、温润的口感。

• 成品数量：16个

• 准备时间：20分钟
• 制作时间：30分钟

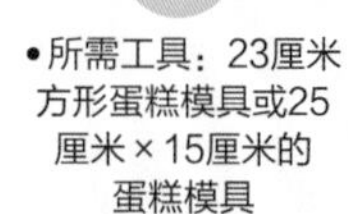

• 所需工具：23厘米方形蛋糕模具或25厘米×15厘米的蛋糕模具

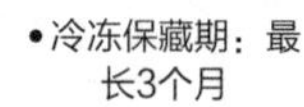

• 冷冻保藏期：最长3个月

原料

300克70%浓度黑巧克力，切碎
125克无盐黄油，室温软化
200克浅色红糖
75毫升橄榄油
3个中等大小的鸡蛋，打散
1茶匙纯香草精
75克普通面粉
25克可可粉
半茶匙泡打粉
175克白巧克力，切碎

1 将烤箱预热到180℃并将模具涂油润滑。

2 在隔热碗中放入200克黑巧克力和黄油，置于装有温开水的深煮锅上方，轻轻搅拌直到融化。

3 将黄油和巧克力的混合物与糖、橄榄油、鸡蛋和香草精放在一个大碗中，用一把木勺搅拌均匀。筛入面粉，可可粉和泡打粉，再用金属勺子继续搅拌均匀。最后加入白巧克力和剩余的黑巧克力。

4 将混合物装入模具，烘烤25~30分钟，或直到拔出蛋糕顶部的竹签时带出少量湿润的碎屑为宜。将蛋糕移出烤箱并在模具中完全冷却，然后将蛋糕移出模具，切成16小块。

预先准备

可以事先准备好密闭容器，这款布朗尼蛋糕可以在其中保存最多5天。

白巧克力夏威夷果金黄蛋糕

这是一款白巧克力版本的布朗尼蛋糕，也是一直以来很流行的一款蛋糕。

•成品数量：24个

•准备时间：25分钟
•制作时间：20分钟

•所需工具：
22厘米×30厘米长方形蛋糕模具

原料

300克白巧克力，切碎
175克无盐黄油，切小方块
300克幼砂糖
4个大鸡蛋
225克普通面粉
100克夏威夷果，稍微切碎

1 将烤箱预热到200℃。准备好烤盘，垫好烘焙用纸。在装有温开水的锅中放一个碗，将巧克力和黄油一起融化，持续搅拌直到混合物表面光滑。移开，冷却约20分钟。

2 当巧克力融化时，加入糖（混合物的状态会变得浓稠且有颗粒感，但是鸡蛋可以将混合物稀释）。分次打入鸡蛋并每次都用打蛋器搅拌至均匀。筛入面粉，然后加入坚果并搅拌。

3 将混合物倒入模具中并轻轻摇晃让面糊充满模具的角落。烘烤20分钟，或直到顶部变得坚硬且底部依然柔软。在模具中放置冷却，然后切成24块正方体或更大的长方体。

太妃布朗尼蛋糕

这款很吸引人的布朗尼蛋糕一定会成为孩子们宴会上的完美甜品。

•成品数量：18个

•准备时间：20分钟
•制作时间：40~45分钟

•所需工具：28厘米×18厘米的浅底蛋糕模具

•冷冻保藏期：冷冻最长可以保存3个月

原料

100克黑巧克力，切成薄片。另外准备50克，用于装饰
175克无盐黄油
350克幼砂糖
4个大鸡蛋
2茶匙纯香草精
200克普通面粉
1茶匙泡打粉
100克山核桃，稍微切碎
200克奶油太妃糖
75毫升浓奶油

1 将烤箱预热到180℃。准备好烤盘，铺好烘焙用纸。

2 将巧克力放在一个大的隔热碗中，加入黄油。将碗放在装满温开水的深底锅中，搅拌混合物直到巧克力融化并和黄油均匀融合在一起。移开热源，将糖加入巧克力黄油混合物中搅拌。

3 轻轻将鸡蛋和香草精在另一个碗中搅拌，加入巧克力混合物。向混合物中筛入面粉和泡打粉，用金属勺子搅拌，加入山核桃。

4 将太妃糖和奶油在一个深底锅中加热搅拌直至融化。

5 将一半的巧克力混合物转移到模具中，再舀入一半的太妃酱。将剩余的巧克力混合物铺在上面，烘烤40~45分钟，直到表面变硬。将蛋糕移出烤箱，在模具中冷却20分钟，然后取出蛋糕。取走烘焙用纸，然后将蛋糕放到冷却架上继续冷却。

6 将剩余的太妃酱重新加热用于装饰。在一个小碗中放入事先另外准备的巧克力，把碗放在装有温开水的深底锅中，搅拌直到巧克力融化。将太妃酱淋到布朗尼蛋糕上，然后再用茶匙的尖端淋上融化的巧克力。放置冷却，然后切成18小块。

预先准备

可以准备好密闭容器，这款蛋糕最长可以保存5天。

燕麦薄饼

这款很有嚼劲的点心的制作方式很简单，只需要用到几种一般商店都有售卖的原料。

• 成品数量：16~20块

• 准备时间：15分钟
• 制作时间：40分钟

• 所需工具：25cm 正方形蛋糕模具

原料

225克无盐黄油，额外准备一些用于润滑
225克浅色红糖
2汤匙金黄糖浆
350克燕麦片

1 将烤箱预热到150℃。用黄油润滑蛋糕模具。

2 将黄油、糖和糖浆放在一个大号深底锅中，用中小火加热直到黄油融化。移开热源，拌入燕麦片。

3 将混合物倒入模具，用力压实。烘烤40分钟，或直到颜色呈均匀的金黄色，两边呈浅棕色为宜。

4 冷却10分钟，然后切成16小块或20块长方体。移出模具，彻底冷却。

预先准备
这款点心在密闭容器中可以保存数天。

枣泥燕麦薄饼

这款薄饼中间夹着一层绵软的枣泥，是理想的午餐小点心。

• 成品数量：16个

• 准备时间：25分钟
• 制作时间：40分钟

• 所需工具：20厘米方形蛋糕模具；搅拌机

原料

200克去核红枣（最好使用甜枣），切碎
半茶匙小苏打
200克无盐黄油
200克浅色红糖
2汤匙金黄糖浆
300克燕麦片

1 将烤箱预热到160℃。将方形蛋糕模具垫上烘焙用纸。将红枣和小苏打放在一个小锅中，加水没过，加热5分钟，过滤并保留液体。将红枣放到搅拌机中加入3汤匙液体打成泥，放在一旁。

2 在一个大锅中融化黄油，加入糖和糖浆搅拌成光滑的酱料（可能需要快速搅拌）。加入燕麦片拌匀，将混合物的一半加入模具中。

3 在燕麦混合物的表面铺一层枣泥，然后将剩余的燕麦混合物铺在最上层。烘烤40分钟，直到颜色呈金棕色。在模具中冷却10分钟，切成16小块。然后取出模具彻底冷却，就可以享用了。

摩卡咖啡蛋糕

这款蛋糕是由上层摩卡咖啡风味的蛋糕和下层的黄油酥饼组成的。

• 成品数量：8块

• 准备时间：20分钟
• 制作时间：15~20分钟

• 所需工具：
20厘米×30厘米方形浅底活底蛋糕模具

原料

300克黄油甜酥饼干
150克无盐黄油
100克黑巧克力，切成小片
100克咖啡风味巧克力，切成小片
3个大鸡蛋
75克幼砂糖
1汤匙可可粉

1 将烤箱预热到190℃。将模具润滑并垫上烘焙用纸。

2 将黄油饼干放在塑料袋中碾碎。将袋子口封上，用擀面杖将饼干擀成碎渣。将一半的黄油在中等大小的深底锅中融化，移开热源，加入碾碎的饼干。搅拌均匀，直到饼干上彻底裹满黄油，将混合物铺满模具底部，轻轻压实。放在一旁。

3 将黑巧克力和咖啡口味巧克力加入黄油，在温开水上隔水融化。然后将碗移开，放在一旁冷却。

4 在一个大碗中将鸡蛋和糖用打蛋器或电动搅拌器搅拌5~8分钟，直到混合物变得黏稠，加入融化的巧克力。将混合物倒入饼干烤盘。烘烤10~15分钟，直到顶部变硬。移出烤盘，在模具中彻底冷却。撒上可可粉，切成8小块，即可食用。

最佳食用方法

可以在蛋糕上加上新鲜的草莓或树莓，倒上奶油食用。

樱桃燕麦薄饼

这款高档的薄饼有着极佳的质感，燕麦赋予了它美味的口感。

• 成品数量：16个

• 准备时间：20分钟，不含冷却时间
• 制作时间：25分钟

• 所需工具：20厘米方形浅底蛋糕模具

原料

150克无盐黄油
75克浅色红糖
2汤匙金黄糖浆
350克燕麦片
125克糖渍樱桃，切成1/4大小，或75克干樱桃，稍微切碎
50克葡萄干
100克牛乳或白巧克力，切成小片，用于装饰

1 将烤箱预热到180℃。润滑模具。

2 在中号深底锅中加入黄油、糖和糖浆，用小火加热搅拌直到黄油和糖融化。移开热源，加入燕麦片、樱桃和葡萄干，搅拌均匀。将混合物转移到模具中，轻轻压实。

3 在烤箱上层烘烤25分钟，移出烤箱，在模具中稍微冷却，用刀切成18小块。

4 燕麦薄饼冷却后，用小隔热碗加入巧克力，放在装有温开水的深底锅上方，搅拌至巧克力融化。将融化的巧克力用茶匙淋在薄饼上，冷却10分钟直到巧克力定性。

5 从模具中移开薄饼，切成小块食用。

预先准备
这款点心可以在密闭容器中保存1周。

佛罗伦萨薄饼

这款蛋糕制作方式简单，并且可以在传统的佛罗伦萨薄饼基础上进行各种演变。

• 成品数量：16块

• 准备时间：20分钟
• 制作时间：40~45分钟

• 所需工具：20厘米方形浅底蛋糕模具

原料

225克普通巧克力，切成小块
60克无盐黄油
115克德梅拉拉蔗糖
1个鸡蛋，打散
60克什锦果干
115克椰蓉
60克去皮杂果或糖渍樱桃

1 将模具润滑好并垫上烘焙用纸。

2 将巧克力放在小的隔热碗中，放在装有温开水的深底锅中，搅拌至巧克力融化。将融化的巧克力舀到蛋糕模具中，让面糊均匀铺满，放在冰箱中冷藏。

3 将烤箱预热到150℃。在大碗中放入黄油和糖，用木勺或电动搅拌器搅拌至蓬松，打入鸡蛋。

4 将剩余的原料在另一个碗中搅拌均匀，加入黄油混合物。搅拌至水果已经分布均匀，将混合物舀入模具，放在巧克力上方。

5 烘烤40~45分钟，或直到呈金棕色。移出烤箱，在模具中冷却5分钟。

6 用切刀切成16块，但不要切到巧克力。因为此时巧克力还比较松软，刀上容易沾上巧克力。放置直到完全冷却，再用刀切到底部，将蛋糕移出模具。

预先准备

这款薄饼可以在密闭容器中存放1周。

潘芙蕾蛋糕

这款著名的蛋糕起源于意大利西耶那，始于13世纪。

• 成品数量：12~16块

• 准备时间：30分钟
• 制作时间：30分钟

• 所需工具：20厘米活底蛋糕模具

原料

米纸，用于垫纸
115克烘烤过的白杏仁，稍微切碎
125克烘烤过的榛子，稍微切碎
200克糖渍橙子和柠檬皮，切碎
115克无花果干，稍微切碎
一块柠檬皮，细细磨碎
半茶匙肉桂粉
半茶匙肉豆蔻粉
1/4茶匙丁香叶粉
1/4茶匙多香果粉
75克米粉或普通面粉
30克无盐黄油
140克幼砂糖
4汤匙蜂蜜
糖粉，用于撒粉

1 将烤箱预热到180℃。将烤盘和蛋糕模具垫上防滑纸，然后将一块米纸放在防滑纸上方。

2 将杏仁、榛子、糖渍果皮、无花果、柠檬皮、肉桂、肉豆蔻、丁香叶、多香果和面粉放在一个大碗中，搅拌均匀。

3 将黄油、幼砂糖和蜂蜜放在平底锅中，小火加热直到融化。倒入水果和坚果混合物中，搅拌均匀。舀入模具中，用手轻轻压实形成均匀的一层。

4 烘烤30分钟后，移出烤箱，在模具中冷却直到变硬。完全冷却后，将潘芙蕾移出模具。撕去垫纸，但保留下层的米纸。

5 上面撒上一层糖粉，切成小条食用。

预先准备

这款点心在密闭容器中可以保存3天。

树莓柠檬杏仁饼

这款树莓蛋糕表面铺满了香甜的杏仁，是一款令人垂涎的点心。

原料

•成品数量：8块

•准备时间：20分钟
•制作时间：35~40分钟

•所需工具：20厘米方形活底蛋糕模具

•冷冻保藏期：2个月

125克普通面粉
1茶匙泡打粉
75克杏仁碎
150克无盐黄油，切小方块
200克幼砂糖
一个柠檬榨汁（约3汤匙）
1茶匙纯香草精
2个大鸡蛋
200克新鲜树莓，切碎
糖粉，用于撒粉（可选用）

1 将烤箱预热到180℃。用烘焙用纸将烤盘底部和侧边铺满。在碗中筛入面粉，加入泡打粉和杏仁碎，混合均匀。在平底锅中融化黄油、糖和柠檬汁，搅拌均匀。

2 将糖浆混合物加入干性物料当中，加入香草精和鸡蛋，鸡蛋要分次加入，将混合物搅拌至均匀、光滑。倒入模具，在面糊顶部撒上树莓。烘烤35~40分钟，或至金黄色，拔出插入的竹签时是干净的。

3 在模具中冷却10分钟，然后取出蛋糕，在冷却架上完全冷却。食用前撒上糖粉（如果需要的话），并切成长条方块。

苹果太妃蛋糕

在冬日的夜晚，这款蛋糕能够给人带来温暖的感觉。

• 成品数量：16块

• 准备时间：20分钟
• 制作时间：45分钟

• 所需工具：22厘米×30厘米方形蛋糕模具

原料

350克青苹果，去皮、去核、切薄片
柠檬挤汁
350克自发粉
2茶匙泡打粉
350克浅色红糖
4个大鸡蛋，轻轻打散
225克无盐黄油，融化
1汤匙幼砂糖

太妃酱

100克无盐黄油
100克浅色红糖
1汤匙柠檬汁
盐

1 将烤箱预热到180℃。用烘焙用纸将模具底部和侧面铺满。将苹果片放在碗中，加入柠檬汁搅拌，防止苹果氧化变色。

2 在一个大搅拌碗中筛入面粉，加入泡打粉和红糖，搅拌均匀。加入鸡蛋和融化的黄油，搅拌成光滑的面糊。将面糊倒入模具，将顶部涂抹平整。在顶部铺上三四片苹果，并撒上一些幼砂糖。烘烤45分钟，直到蛋糕表皮变硬，竹签插入后拔出时是干净的。

3 同时，用黄油、糖和柠檬汁在锅中融化，加入一小撮盐，用手动打蛋器或电动搅拌器将混合物搅拌至黏稠光滑。将蛋糕移出，稍微冷却一下，将酱料倒在蛋糕顶部。趁热食用或放凉后食用均可。

最佳食用方法

加上一勺法式鲜奶油食用。

巧克力榛子布朗尼蛋糕

这是一款经典的美式点心，这款布朗尼蛋糕中心的口感温润，表层口感酥脆。蛋糕表面的可可粉为整个蛋糕增添了一点苦涩的味道。

• 成品数量：24小块

• 准备时间：25分钟
• 制作时间：17~20分钟

• 所需工具：
23厘米×30厘米
布朗尼蛋糕模具

原料

100克榛子
175克无盐黄油，切成小块
300克高品质黑巧克力，切成小片
300克幼砂糖
4个大鸡蛋，打散
200克普通面粉
25克可可粉，额外准备一些用于撒粉

1 将烤箱预热到200℃。将榛子碎撒在烤盘上。将坚果烘烤5分钟直到颜色变棕，要小心不要把果仁烧焦。移出烤箱，将果仁用干燥洁净的毛巾把果仁擦干净。将果仁稍微切碎——可以有大有小，置于一旁。

2 将烘焙用纸铺满模具的底部和边缘，可以有一部分纸稍微露在烤盘外面。将黄油和巧克力放在隔热碗中，隔水融化，搅拌光滑。移开热源，放置冷却。混合物冷却之后，加入糖并搅拌均匀。分次加入鸡蛋，每次加入都要搅拌均匀再加入下一个。

3 在一个碗中筛入面粉、可可粉。将面粉和可可粉揉至光滑，不要有可见的大颗粒。加入坚果碎块，揉至均匀。将面糊倒入准备好的模具中，让面糊充满模具的每个角落。将顶部修整平整。烘烤12~15分钟或直到顶部触感变硬，底部依然柔软。拔出插入的竹签时带出一点面糊。移出烤箱。

4 将布朗尼蛋糕在模具中完全冷却，这样可以保持其柔软的内部结构。提起露在外面的烘焙用纸，将蛋糕从模具中提出来。用长柄的尖刀，从布朗尼蛋糕的表面剪成相同大小的24块。烧一壶开水，浇在浅餐碟上。让碟子离手近些。将布朗尼蛋糕切成24块，刀上粘上了坚果的话，就把刀在热水中蘸一下。最后在蛋糕表上筛上可可粉。

甜杏酥饼

你可以在制作这款蛋糕的过程中做出有水果口感的顶部——善用搅拌机的暂定按钮可以让混合物不会搅拌过度。

• 成品数量：10条长条或20块方块

• 准备时间：20分钟，不含冷藏时间
• 制作时间：1小时15分钟

• 所需工具：12.5厘米×35.5厘米蛋糕模具

原料

200克无盐黄油，室温软化
100克幼砂糖
200克普通面粉
100克玉米面粉
400克甜杏罐头，把水沥干后切碎

制作顶部

75克黄油，切成小块
150克普通面粉
75克德梅拉拉蔗糖或幼砂糖

1 将烘焙用纸垫在模具上。在碗中将黄油和糖用电动搅拌器打成绵密的糊状。筛入面粉和玉米淀粉，搅拌在一起形成面团。最后可以用手做最后和揉制工作。轻轻将面糊揉制表面光滑，将面团放到模具中，将表面整理平整。放进冰箱冷藏1小时或直到变硬。

2 将烤箱预热到180℃。在碗中放入黄油和面粉，用手指将混合物揉成面包屑状。然后拌入糖。将甜杏铺在冷冻的面团基底上，最后铺上黄油混合物，轻轻压实。

3 烘烤1小时15分钟或直到拔出插入的竹签是干净的，没有未烤熟的混合物粘在上面（虽然竹签上可能粘有一些水果碎屑）。在模具中放置冷却。冷却之后，移出模具，切成10条长条或20块方块。

三重巧克力脆棒

这款点心混合了三种巧克力，满足了所有甜食爱好者的渴望。如果你愿意的话，也可以选用你自己喜欢的巧克力。

• 成品数量：9块

• 准备时间：10分钟
• 制作时间：20~25分钟

• 所需工具：
15厘米×25厘米
模具

原料

250克黄油，室温软化，额外准备一些用于润滑
200克幼砂糖
3个中等大小鸡蛋，打散
200克自发粉
50克可可粉，额外准备一些用于撒粉
50克黑巧克力，切碎
50克牛奶巧克力，切碎
50克白巧克力，切碎

1 将烤箱预热到200℃。将模具润滑好并垫好烘焙用纸。

2 在碗中将黄油和糖用电动打蛋器达成绵密光滑的糊状。加入打散的鸡蛋，分次加入，持续搅拌。

3 加入面粉、可可粉和所有的巧克力，将混合物放入模具中。

4 烘烤20~25分钟，直到边缘定型，中心还有些黏性。移出烤箱，盖上铝箔，让蛋糕冷却。最后撒上可可粉，切成9块，即可食用。

咖啡之吻曲奇

这款美味的饼干带有夹心，同时具有馥郁的咖啡香气，是一款受到大众喜爱的甜点。

• 成品数量：16块

• 准备时间：20~25分钟
• 制作时间：10~15分钟

• 所需工具：4厘米心形曲奇切割模具

• 冷冻保藏期：未加糖霜时，最长12周

原料

75克黄油
175克自发粉
2茶匙吉士粉
50克幼砂糖
1个中等大小鸡蛋，取蛋黄
2茶匙速溶浓咖啡（要获得更浓郁的咖啡香味，可以加4茶匙），溶于4茶匙热水

制作奶油糖霜

50克无盐黄油，室温软化
100克糖粉
2茶匙意式咖啡，或者将浓咖啡用水稀释

1 将烤箱预热到180℃。在一个大碗中，加入黄油和面粉，然后加入吉士粉和糖。加入蛋黄和咖啡，搅拌成接近凝固的面团。将所有的原料搅拌均匀。

2 将混合物在两片保鲜膜之间擀成约3mm厚的面皮。用4cm的心形切割模具切出36个心形。

3 放入一个大号烤盘或2个中号烤盘，烘烤10~15分钟至金黄色。在烤盘中冷却5分钟，然后放到冷却架上完全冷却。

4 在一个中等尺寸的碗中，加入奶油糖霜的原料并搅拌。用勺子或抹刀将糖霜抹到饼干一半上，然后盖上另外一半。

最佳食用方式

加上一勺法式鲜奶油食用。

巧克力太妃酥饼

这款酥饼在加上了浓郁的巧克力和浓稠的太妃酱后会变得极具吸引力。

• 成品数量：24块

• 准备时间：20分钟，不含冷藏时间
• 制作时间：45~50分钟

• 所需工具：20厘米方形浅底活底蛋糕模具

原料

250克无盐黄油，室温软化
175克金黄砂糖
225克普通面粉
125克粗小麦粉
4~5汤匙现成太妃酱
150克黑巧克力，切碎
150克白巧克力，切碎

1 将烤箱预热到150℃。将模具润滑好并垫好烘焙用纸。将黄油和糖搅拌至松发，加入面粉和粗小麦粉搅拌均匀。将混合物装入模具，并用抹刀平整表面。

2 烘烤40~45分钟或直到颜色呈淡金色，移出烤箱冷却。将太妃酱淋到蛋糕表面，并用勺背将表面抹平。

3 在2个隔热碗中，分别将黑巧克力和白巧克力隔水加热，注意不要让碗直接与水接触。将黑巧克力和白巧克力用茶匙淋在太妃酱层的上面，制作出类似大理石质感的表面。冷藏1~2小时直到巧克力定型。将酥饼移出模具，放在砧板上用大号切刀切成24块小方块。

酸樱桃巧克力布朗尼蛋糕

这款蛋糕有着浓烈的味道和有嚼劲的口感，干燥的酸樱桃和浓郁的黑巧克力相得益彰。

•成品数量：16块

•准备时间：15分钟
•制作时间：20~25分钟

•所需工具：
20厘米×25厘米
布朗尼蛋糕模具

原料

150克无盐黄油，切块，另外准备一些用于润滑
150克高品质黑巧克力，切成小块
250克浅色黑糖
3个鸡蛋
1茶匙香草精
150克自发粉，过筛
100克干燥酸樱桃
100克黑巧克力碎块

1 将烤箱预热到180℃。将模具润滑好并垫好烘焙用纸。在一个隔热碗中隔水融化黄油和巧克力。移开热源，加入糖，搅拌至均匀。稍微冷却。

2 将鸡蛋和香草精加入巧克力混合物。将混合物加入筛出的面粉并揉制在一起，注意不要揉搓过度。揉入酸樱桃和巧克力块。

3 将蛋糕面糊倒入模具，在烤箱中层烘烤20~25分钟。适宜的状态是边缘变硬但中间触感依然比较柔软。

4 在模具中冷却5分钟，取出蛋糕切成16块。将蛋糕放在冷却架上冷却。

树莓燕麦薄饼

这款薄饼有松脆的椰子、有益健康的燕麦和多汁的树莓。它是一款既健康又美味的点心。

• 成品数量：做成18块方块

• 准备时间：10分钟
• 制作时间：25分钟

• 所需工具：15厘米×25厘米模具

原料

250克黄油，切小块，额外准备一些用于润滑
125克新鲜或冷冻的树莓
1汤匙金黄糖浆或蜂蜜
1茶匙小苏打
1茶匙泡打粉
250克燕麦片
200克普通面粉
100克干椰蓉
100克红糖

1 将烤箱预热到180℃。用黄油润滑模具，垫好烘焙用纸。

2 在一个小碗中把树莓打碎。如果用了冷冻的树莓，先将其化冻，然后用叉子叉碎。将黄油和糖浆或蜂蜜在一个小锅中融化，并搅拌融合。撒入一点小苏打并搅拌出泡沫。

3 在一个大碗中将其余的原料搅拌在一起，在中间挖出一个洞。将融化的黄油倒入凹槽中然后揉匀。

4 将一半的混合物倒入模具，在上面铺一层树莓，然后倒入剩余的混合物。

5 放入烤箱烘烤25分钟直至变成金黄色。将薄饼从模具中取出前，将它切成正方块。

意大利脆饼

这款意式饼干是馈赠好友的佳品，包装得当的话可以保存数天。

• 成品数量：25~30块

• 准备时间：10分钟
• 制作时间：40~45分钟

• 冷冻保藏期：最长8周

原料

50克无盐黄油
100克整颗杏仁，去壳去皮
225克自发粉，额外准备一些用于撒粉
100克幼砂糖
2个鸡蛋
1茶匙香草精

1 将黄油放在小平底锅中用小火融化，放置在一旁冷却。将烤箱预热到180℃。将烘焙用纸垫在烤盘上。将杏仁平铺在无柄烤盘上，在烤箱中层烘烤5~10分钟直到稍微变色。时间到一半的时候将烤盘轻轻摇动一下。将杏仁稍微冷却到用手可以握住的温度，然后将杏仁切碎。

2 在一个大碗中筛入面粉。加入糖和切碎的杏仁，搅拌至混合均匀。

3 在另一个碗中，加入鸡蛋、香草精和融化的黄油并搅拌。逐渐将鸡蛋混合物倒入面粉，用叉子持续搅拌。用手将所有原料揉成一个面团。如果混合物过于潮湿，可以加入一点面粉搅拌直到面团具有可塑性。将面团放到撒有面粉的台面上。

4 用手将面团搓成个两个条状，每条约20cm长。放入烤盘，在烤箱中层烘烤20分钟。将面团移出烤箱。稍微冷却后，放到砧板上。

5 用锯齿刀，将条形面团切成3~5cm厚的块状。将意式脆饼重新放入烤盘，烘烤10分钟，将饼干烤得更干燥。用抹刀将饼干反面，再烘烤5分钟。将饼干移出到冷却架上，让更多的水分蒸发掉。

巧克力脆片

一叠香脆的巧克力脆片绝对是能给人留下深刻印象的餐后甜点。为了获得最佳的口味，购买牛奶巧克力和黑巧克力时要选择高可可脂含量的。

• 成品数量：20~30块

• 准备时间：30分钟，不含产品定型时间

• 冷冻保藏期：最长12周

原料

制作白巧克力脆片

300克白巧克力

150克夏威夷果

制作牛奶巧克力脆片

300克牛奶巧克力

100克榛子

100克葡萄干

制作黑巧克力脆片

300克普通巧克力

100克山核桃

100克蔓越莓干

1 我们需要分开制作这三种巧克力脆片。将巧克力切成薄片，并放在一个小碗中。

2 将放置巧克力的碗隔水加热，但注意不要让碗接触到水。轻轻用勺子搅拌，直到所有巧克力碎片都融化为止。

3 将碗从水上抬高，加入果料等干性原料。用烘焙用纸或保鲜膜垫在烤盘上。

4 将混合物倒进烤盘，让其冷却。冷藏直至凝固。在食用之前，将脆片放在台面上，取走烘焙用纸，用刀切成小块即可。

巧克力饼干蛋糕

你可以将配方中的水果和坚果变成你自己喜欢的种类——用一把切碎的樱桃和榛子一起，也可以做得很好。

• 成品数量：可供约6人食用

• 准备时间：10分钟，不含定型时间

• 所需工具：18厘米深底方形模具

• 冷冻保藏期：最长8周

原料

150克黄油
250克黑巧克力，切成碎片
2汤匙金黄糖浆
450克消化饼干，碾碎
一把饱满的黄葡萄干
一把去皮的杏仁，稍微切碎

1 润滑模具。在一个小平底锅中融化黄油、巧克力和糖浆，然后移开热源，加入饼干、葡萄干和杏仁搅拌均匀。将混合物倒进模具中，用勺背轻轻压实。

2 将模具放进冰箱冷藏至完全定型。取出，切成小块即可食用。

开心果橙子小饼干

这款有着芳香味道的饼干，无论是搭配咖啡，还是蘸着餐后甜酒食用都是非常美味的。

• 成品数量：25~30块

• 准备时间：15分钟
• 制作时间：40~45分钟

• 冷冻保藏期：最长8周

原料

100克开心果，去壳
225克自发粉，额外准备一些用于撒粉
100克幼砂糖
一块橙子皮，细细磨碎
2个鸡蛋
1茶匙香草精
50克无盐黄油，融化并冷却

1 将烤箱预热至180℃。将开心果铺在未垫纸的烤盘中烘烤5~10分钟。放置冷却，用洁净、干燥的毛巾将多余的果皮擦掉，然后稍微切碎。

2 将面粉、糖、橙皮和坚果在碗中混合。另取一个碗，加入鸡蛋、香草精和黄油搅拌均匀。将干性物料和湿性物料混合揉成面团。

3 将面团在撒有面粉的台面上切成2条，每条20厘米×7.5厘米。将面团放进垫有烘焙用纸的烤盘中，放入烤箱中层烘烤20分钟。稍微冷却，然后用锯齿刀切成3~5厘米厚的小块。

4 再烘烤15分钟，翻面再烘烤10分钟，直到颜色金黄，触感变硬即可。

法式糕点与挞、派类点心

百果馅饼

这种百果馅配方的准备时间短且不需要熟成，是一款在节日宴会上较容易制作的馅饼。

•成品数量：18块

•准备时间：20分钟
•制作时间：10~12分钟

•所需工具：7.5厘米圆形糕点切割模具，6厘米圆形或图案切割模具，杯子蛋糕模具

•冷冻保藏期：最长8周

原料

1个小的烹饪用苹果（译者注：这种苹果与生食的苹果不同，它比普通的苹果更大、酸度更高。）
30克黄油，融化
85克无核小葡萄干
85克葡萄干
55克醋栗
45克去皮杂果干，切碎
45克切碎的杏仁或榛子
一块柠檬皮，细细磨碎
1茶匙混合香料
1汤匙白兰地酒或威士忌酒
30克黑糖
一根小香蕉，细细切成小块
500克市售挞皮
普通面粉，用于撒粉
糖粉，用于撒粉

1 将烤箱预热到190℃。制作百果馅，将苹果连皮切碎，放入一个大碗中。加入融化的黄油、无核小葡萄干、葡萄干、醋栗、去皮杂果、坚果、柠檬皮、混合香料、白兰地或威士忌酒、糖。搅拌均匀。加入香蕉，再次搅拌均匀。

2 在撒有面粉的台面上将混合物擀成约2毫米厚，并用大号饼干模具切出18个圆形。重新将混合物擀平，再切出18个小的圆形或节日形状，比如星形。

3 将大的圆形面饼垫在纸杯蛋糕模具的下层，在上面铺上一大勺百果馅。然后将小的圆形或其他形状盖在上面。

4 冷藏10分钟，然后入烤箱烘烤10~12分钟直到挞皮变成金黄色。小心从模具中取出后放到冷却架上冷却。在上面撒上一层糖粉即可食用。

储存方式
这款馅饼可以在密闭容器中存放3天。

预先准备
这款馅饼可以提前2天做好，裹上保鲜膜后在冰箱中冷藏2天。

肉桂蝴蝶酥

将冷冻的黄油切碎是制作酥类点心的一个诀窍——如果时间紧张的话也可以直接使用现成的酥皮。

• 成品数量：24块

• 准备时间：45分钟，不含冷藏时间
• 制作时间：25~30分钟

• 冷冻保藏期：最长8周

原料

250克无盐黄油，冷冻30分钟
250克普通面粉，额外准备一些用于撒粉
1茶匙盐
1个鸡蛋，稍微打散，用于表面涂刷

制作馅料

100克无盐黄油，室温软化
100克浅色红糖
4~5茶匙肉桂粉，用于调味

1 将冷冻的黄油切碎放到一个碗中，筛入面粉和盐，揉制均匀。倒入90~100毫升的水。先用叉子，然后用手将混合物揉成粗糙的面团。将面团放在塑料袋中然后放入冰箱冷藏20分钟。

2 在撒有面粉的台面上，将面团擀成长方形，短边约25厘米。折起三分之一的面皮，叠到中间。将其余的面皮叠起，让接缝处在重新擀制的时候都粘合起来。将面皮旋转90度，重新擀成之前的长方形。让短边的长度保持一致。重复折叠，旋转，擀制的动作。将面团装进塑料袋中，冷藏20分钟。再重复两次擀制、折叠旋转的操作，最后再冷藏20分钟。

3 与此同时制作馅料。将黄油、糖和肉桂粉搅拌均匀。将烤箱预热到200℃。准备好两个垫好烘焙用纸的烤盘。

4 再一次擀制面皮。修剪边缘。将馅料薄薄地铺在面皮表面。轻轻从面皮的长边卷起到中间，再在另一边重复。在表面刷上蛋液并轻轻压实，翻面冷藏10分钟。

5 将面团切成2厘米厚一片，让酥皮一面朝上。将它们排列成椭圆形，然后用手掌轻轻向下施加压力将面团压平。刷上蛋液，进烤箱烘烤25~30分钟。当呈金棕色并且酥皮涨起、内部酥脆时即可。移至冷却架上冷却。

法式奶油树莓挞

这款配方提供了一个简单但同样美味的酥皮面团的方案，即使用饼干制成的底来作为替代。可以一次多制作一些并将多余的饼干底冷冻起来以备以后使用。

- 成品数量：6块

- 准备时间：20分钟，不含冷却时间
- 制作时间：10分钟

- 所需工具：6厘米×10厘米活底挞模
- 冷冻保藏期：挞皮最多可以保存2个月

原料

200克消化饼干或布列塔尼饼干
50克幼砂糖
100克黄油，融化并冷却

制作馅料

100克幼砂糖
40克玉米面粉
2个鸡蛋
1茶匙香草精
400毫升全脂牛奶
树莓
糖粉，用于撒粉

1 将烤箱预热到180℃。制作挞底，将饼干用搅拌机打碎或用擀面杖将饼干细细碾碎。将饼干碎和糖、融化的黄油一起搅拌，直到混合物呈湿润的沙子状。

2 将饼干底分别装进几个挞模中，轻轻压实，让饼干底充满模具的所有部分。烘烤10分钟后取出冷却。冷却后，将挞底放入冰箱冷冻，需要时再取出。

3 制作法式奶油，将糖、玉米面粉、鸡蛋和香草精在碗中搅拌均匀。在深底锅中煮沸牛奶，牛奶冒泡时移开热源。将热牛奶倒进鸡蛋混合物中，同时不停搅拌。将混合物再倒进锅中煮沸，不停搅拌避免结块。加热到混合物变得黏稠为止。此时将火调低，再加热2~3分钟。

4 将黏稠的法式奶油倒进碗中，用保鲜膜盖住表面（避免表面凝固），放置晾凉。冷却之后，在使用事前用木勺将奶油打散。

5 当你想要制作时，将法式奶油舀或挤在饼干底上。上面铺上树莓，撒上糖粉即可食用。这款产品可以冷藏保存3天，法式奶油如果用保鲜膜包好，最多可以保存2天。

丹麦包

这款黄油点心需要花上一点时间来准备，但是在自家做出的面包味道是无可比拟的。

• 成品数量：18块

• 准备时间：30分钟，不含冷却和醒发的时间
• 制作时间：15~20分钟

• 冷冻保藏期：最长4周

原料

150毫升温牛奶
2茶匙干酵母
30克幼砂糖
2个鸡蛋，另外准备一个鸡蛋，打散，用于表面涂刷
475克高筋面包粉，过筛，额外准备一些用于撒粉
半茶匙盐
植物油，用于润滑
250克冷藏的黄油

制作馅料

200克高品质樱桃、草莓或杏子酱，或糖渍的水果

1 将牛奶、酵母和1汤匙糖混合在一起。放置20分钟后，打入鸡蛋。将面粉、盐和剩余的糖放进一个碗中。在酵母混合物的中间挖出一个凹陷。将原料揉成一个柔软的面团。在撒过粉的台面上揉制15分钟直到面团变软。将面团放在涂过油的碗中，用保鲜膜盖上，冷藏15分钟。

2 在撒过粉的台面上，将面团擀成25厘米×25厘米的方形。将黄油切成3~4片，每片约12厘米×6厘米×1厘米。将切片的黄油放在面团一半的位置，留出1~2cm的边缘。将另外半边面团折起叠在上面，用擀面杖将接缝处轻轻压实。

3 重新撒粉、将面团擀制成1cm厚的方形面皮，重复三次。将顶部的三分之一折到中间，然后将底部的三分之一叠到最上层。用保鲜膜包好冷藏15分钟。重复擀制和折叠操作2次，每次中间冷藏15分钟。

4 在撒过粉的台面上将面团擀成5毫米~1厘米厚的面皮。切成10厘米×10厘米的方形。用刀沿对角线从每个角向中心割开1厘米。

5 在中间加入1茶匙果酱，将每个角向中间折叠一次。再向中间加入更多果酱，放到烤盘上，盖上一块干燥、洁净的毛巾。在温暖的地方静置30分钟直到面团涨起。将烤箱预热到200℃。在表面涂刷蛋液，烘烤15~20分钟直到颜色呈金黄色。稍微冷却后转移到冷却架上。

巧克力闪电泡芙

这款糕点是当下流行泡芙的“亲戚”，你也可以很轻松地对配方进行改动：可以尝试一下用巧克力和橙子做顶部，用橙子奶油或法式奶油作为馅料。

• 成品数量：30块

• 准备时间：30分钟
• 制作时间：25~30分钟

• 所需工具：裱花袋和口径1厘米的普通裱花嘴

• 冷冻保藏期：未注心时可保存最长12周

原料

75克无盐黄油
125克普通面粉，过筛
3个鸡蛋
500毫升浓奶油
150克高品质黑巧克力，切片

1 将烤箱预热到200℃。将黄油在装有200毫升水的平底锅中融化，煮沸，然后移开热源，加入面粉，用木勺将混合物搅拌均匀。

2 轻轻打散鸡蛋，将蛋液加入面粉和黄油的混合物中，少量多次加入，持续搅拌。继续搅拌至混合物变得柔滑，且可以很容易从锅中倒出。将混合物装入裱花袋。

3 在2个已垫好烘焙用纸的烤盘中各挤出10厘米长的混合物，用润湿的刀将末端切断。一共需要准备76厘米。烘烤20~25分钟或直到颜色呈金棕色，移出烤箱，用刀从侧边切开。再放入烤箱烘烤5分钟直到内部完全烤熟。移出烤箱并冷却。

4 将奶油放进一个碗中，用电动搅拌器打发至出现柔软的尖峰。用勺子或用裱花袋将奶油舀/挤到每个泡芙皮中。将巧克力放进隔热碗中，放在温开水上方融化，注意不要让水和碗接触。将融化的巧克力用勺子淋到泡芙顶部，放置变硬后即可食用。

树莓马卡龙

制作完美的马卡龙的技术要点已经在操作步骤中写明了——轻轻折叠，垂直挤出夹心。

• 成品数量：20块

• 准备时间：30分钟
• 制作时间：18~20分钟

• 所需工具：裱花袋和小号普通裱花嘴

原料

100克糖粉
75克杏仁粉
2个大鸡蛋取蛋白，室温保存
75克砂糖
3~4滴食用粉色色素

制作注心

150克马斯卡彭芝士
50克无籽树莓果酱

1 将烤箱预热到150℃。准备两个烤盘，垫好烘焙用纸。用铅笔画出直径3厘米的圆，每个圆之间留有3厘米的间隙。用食品搅拌机将糖粉和杏仁一起打碎成细腻的粉末。

2 在碗中打发蛋白至出现硬挺的尖峰。加入砂糖，少量多次，每次加入都要搅拌均匀。加入食用色素搅拌。

3 加入杏仁混合物，每次加入一勺，搅拌均匀。将混合物装入裱花袋，垂直握持裱花袋，将裱花嘴对准圆圈的中心挤出糖霜。

4 在烤箱中层烘烤18~20分钟直到表面变硬。移出烤箱冷却15~20分钟，之后移到冷却架上冷却。

5 注心。将马斯卡彭芝士和树莓酱搅拌至光滑细腻，装入之前用过的裱花袋（清洗过的），使用相同的裱花嘴。将夹心挤到马卡龙的一面上，再将另外一面盖上。最好当天食用，否则马卡龙会吸湿变软。

松露巧克力

这款风味醇厚的巧克力非常具有诱惑力，以至于想要把它私藏起来。你也可以在其中加入切碎的烤杏仁或者磨碎的白巧克力。

•成品数量：12~14块

•准备时间：15分钟，未计入冷却和定型时间

原料

125克高品质黑巧克力，另外准备25克高品质黑巧克力，细细磨碎
少量百利甜酒或白兰地酒
25克巴西果（一种坚果）
50克樱桃干，切碎

1 将整块的巧克力切碎成片，放进隔热碗中。将碗放在温开水上方融化巧克力，注意不要把碗与水接触。将巧克力搅拌至光滑，然后加入百利酒或白兰地，加入坚果和樱桃干。

2 放置冷却30分钟，然后舀起一大勺，做成球形。将巧克力球在巧克力碎中滚动，让巧克力碎均匀裹满整个球体，然后放在烘焙用纸上放置30分钟定型。对其他的巧克力混合物重复此操作。这款巧克力可以与咖啡搭配食用。

香蕉巧克力酱脆粒挞

你需要亲自品尝过它之后才会知道它是如此美味，成年人和小朋友都会非常喜欢它。最好在做好的当天趁热或者冷却到室温食用，享用时可以搭配上一点奶油。

• 成品数量：6个

• 准备时间：20分钟，不含冷藏时间
• 制作时间：35分钟

• 所需工具：6个10厘米活底凹槽挞模；烘焙豆

• 冷冻保藏期：挞底最多可保存2个月

原料

制作挞底

175克普通面粉,额外准备一些用于撒粉
25克幼砂糖
100克无盐黄油，软化
1个蛋黄，加入2汤匙冷水打散

制作馅料

25克普通面粉
25克浅色红糖
10克干椰蓉
25克黄油，软化
2~3根香蕉，不要过于成熟
4汤匙巧克力酱

1 制作挞底，将面粉、糖粉和黄油搅拌在一起，用手或者食品搅拌机将他们搅拌成细碎的屑状。加入蛋黄，将混合物揉成柔软的面团；如果需要的话加入一点水。用保鲜膜包好，冷藏30分钟。

2 将烤箱预热到180℃。将面团放在撒过粉的台面上，擀成3毫米厚的面皮，铺在挞模底部，留出1cm款的折叠边。剪掉多余的面皮。用叉子在底部扎出一些气孔，在挞皮内铺满烘焙豆（译者注：在烘烤没有添加馅料的挞皮时，需要在挞底铺满烘焙豆，这样可以让挞底在烘焙时保持原有的形状），豆子底部垫上烘焙用纸。放入烤箱烘烤15分钟。将烘焙豆和烘焙纸取走，如果挞底未烤熟，再烘烤5分钟。趁热将参差不齐的边缘部分修剪整齐。将烤箱温度升到200℃。

3 制作馅料，将面粉、浅色红糖和椰蓉在一个大碗中混合。用手搅拌黄油，确保混合物不会搅拌过度，混合物中仍留有一些大块的渣子和黄油。

4 将香蕉剥皮、斜切成1厘米的薄片，在挞底铺满一层，如果有需要的话可以把香蕉切的再碎一些。在香蕉上淋一层巧克力酱。将馅料分别在每个饼上面铺满。烘烤15分钟，直到馅料颜色变成棕色。

巧克力蝴蝶酥

蝴蝶酥是一款既简单又美味的点心，同时也可以方便地带去野餐等场合。

• 成品数量：24块

• 准备时间：45分钟，不含冷藏时间
• 制作时间：25~30分钟

• 冷冻保藏期：最长8周

原料

250克无盐黄油，冷藏30分钟
250克普通面粉，额外准备一些用于撒粉
1茶匙盐
1个鸡蛋，轻轻打散，用于涂刷

制作馅料

150克黑巧克力，切片

1 将黄油粗略磨碎放进碗中。筛入面粉和盐。将混合物搅拌成屑状。倒入90~100毫升水。先用叉子，然后用手将混合物搅拌成粗糙的面团。将面团放进塑料袋中，放进冰箱冷藏20分钟。

2 在撒过粉的台面上，将面团擀成长方形，短边长25厘米。将三分之一的面皮折起叠到中间，将剩下的三分之一叠到另一边。将面皮翻过来让接缝处在重新擀制的时候能够紧密粘合。将面皮旋转90度，重新擀成之前的长方形。让短边的长度保持一致。重复折叠，旋转，擀制的动作。将面团装进塑料袋中，冷藏20分钟。再重复两次擀制、折叠旋转的操作，最后再冷藏20分钟。

3 同时制作馅料，将巧克力放在碗中隔水加热，注意不要让碗与水接触。放置冷却一会儿。将烤箱预热到200℃。准备两个垫好烘焙用纸的烤盘。

4 将面团擀成5毫米厚的面皮，将馅料铺在上面。从长边将面皮卷到中间，再把另外一边同样卷起来。刷上蛋液，将两半面皮卷在一起。翻面冷藏10分钟。

5 将卷起的面团切成2厘米厚的小块，将酥皮一面朝上，将它们排列成椭圆形，然后用手掌轻轻向下施加压力将面团压平。

6 将面团放进烤盘，刷上一点蛋液，在烤箱上层烘烤25~30分钟。当颜色变成金棕色、面皮涨起且中间酥脆时，移到冷却架上冷却。

巧克力甜甜圈

甜甜圈的制作方法非常简单。这款点心轻盈蓬松，比市面上售卖的种类更加美味。

• 成品数量：12个

• 准备时间：30分钟，不含醒发时间
• 制作时间：5~10分钟

• 所需工具：油温温度计；裱花袋和裱花嘴

原料

150毫升牛乳
75克无盐黄油
半茶匙香草精
75克幼砂糖
2个鸡蛋，打散
450克普通面粉，最好是“00”级面粉，额外准备一些用于撒粉
半茶匙盐
1升葵花籽油，用于油炸。额外准备一些用于润滑

制作涂层和馅料

幼砂糖，用于涂层
250克高品质果酱（树莓、草莓或樱桃），搅拌均匀。

1 将牛乳、黄油和香草精在小平底锅中加热至黄油融化。冷却至温热。加入酵母和一汤匙糖。盖上盖放置10分钟。加入鸡蛋。

2 在一个大碗中筛入面粉和盐。加入剩余的糖搅拌。在面粉混合物中挖出一个凹陷，在凹陷中加入牛乳混合物。将所有原料揉成粗糙的面团。将面团放在撒过粉的台面上揉制10分钟直到面团变软易塑型。将面团放在涂过油的碗中，用保鲜膜盖好。在温暖的地方醒发2小时，面团的体积膨胀至原来的2倍大小。

3 在撒过粉的台面上将面团分割成12块相同大小的小块。用手将面团搓成球形。放入烤盘，面团之间留有足够距离。盖上保鲜膜和干燥洁净的毛巾。在温暖的地方醒发1~2小时，直到面团的体积膨胀到之前的2倍大小。

4 在一个大的厚底炸锅中加入10厘米深的油加热到170~180℃，将锅盖放在手边保证安全。将甜甜圈放入锅中。如果有一面比较平的话不用担心。放入油锅时需要小心，每次最多放入3个。油炸1分钟后翻面。当炸到面团通体金黄时，用漏勺将甜甜圈取出。在厨房用纸上将油吸干，然后趁热在表面撒上糖粉。在注心之前冷却一下。

5 将果酱装入裱花袋。从甜甜圈的一侧开孔插入裱花嘴。轻轻挤入约一勺的量的果酱，直到果酱快要从孔中溢出为止。将开的孔用一点糖粉堵住，就可以食用了。

草莓奶油马卡龙

制作马卡龙的技法可能会有一点难度，但是最终的结果值得你为之付出努力。

原料

100克糖粉
75克杏仁粉
2个大鸡蛋取蛋清，室温存放
75克砂糖

制作馅料
200毫升浓奶油
5~10个大草莓，最好是和马卡龙的直径尺寸相同

•成品数量：20块

•准备时间：30分钟
•制作时间：18~20分钟

•所需工具：裱花袋和小号普通裱花嘴

1 将烤箱预热到150℃。准备两个烤盘垫好烘焙用纸。用铅笔在纸上画出直径3厘米的圆，两个圆之间留有3厘米的间隙。将纸翻过来。

2 在食品搅拌机中将糖粉和杏仁粉打成细细的粉末状。在大碗中用电动搅拌器将蛋白打发出硬挺的尖峰。搅拌的时候，少量多次加入砂糖，每次都要搅拌均匀。蛋白霜最后应该呈非常硬挺的状态。将其加入杏仁混合物，每次一勺，搅拌至均匀。

3 将马卡龙面糊装入裱花袋。竖直握持裱花袋，将面糊挤在之前画好的圆圈中间。保持挤出面糊的尺寸和体积始终一样，混合物会慢慢在烤盘中铺开。

4 面糊中间如果出现了尖端的话，轻轻将烤盘震动几次。在烤箱中层烘烤18~20分钟直到表面变硬。用手指轻轻戳一下其中一个的表面，如果能够戳破说明已经烤好。放置15~20分钟，然后转移到冷却架上冷却。

5 制作馅料，将奶油打发至浓稠。将奶油装到干净的裱花袋中，用与之前相同的裱花嘴。在半块马卡龙饼皮上挤出一点奶油。将草莓切成薄片，尺寸最好和马卡龙的尺寸相同。将一片草莓盖在奶油上，然后盖上另一半马卡龙饼皮，轻轻压实，奶油会稍微露出来一些。最好在制作的当天食用，否则马卡龙会吸潮变软。

椰子奶油挞

这款含有大量黄油的挞皮可以一次使用一部分，将多余的挞皮冷冻起来以后使用。在注心之前将挞皮放进烤箱烘烤几分钟让其变脆即可。这里我们使用的馅料是一款风味醇厚的椰子卡士达酱。

•成品数量：4块

•准备时间：30分钟，未计入冷却时间
•制作时间：20分钟

•所需工具：4个12厘米活底凹槽挞模

原料

150克普通面粉，额外准备一些用于撒粉
100克无盐黄油，切小块，额外准备一些用于润滑
50克幼砂糖
1个蛋黄
半茶匙香草精

制作馅料
400毫升听装椰子牛奶
240毫升全脂牛奶
4个蛋黄
50克幼砂糖
4汤匙玉米淀粉
1茶匙香草精
4汤匙干椰蓉

1 将烤箱预热到200℃。将挞模润滑好。制作挞皮，将面粉和黄油在碗中用指尖搅拌直到形成细碎的屑状。加入糖搅拌。加入蛋黄和香草精，揉成光滑的面团，如果需要的话，加入1~2汤匙的凉水。裹上保鲜膜，冷藏30分钟。

2 制作椰子卡士达酱，将椰子牛奶和全脂牛奶在小的无柄深底锅中加热至沸腾。在一个隔热碗或大量杯中加入蛋黄、糖、玉米淀粉和香草精。将混合物慢慢倒入牛奶混合物中，持续搅拌。将椰子奶浆倒回平底锅中并用木勺搅拌，用中火加热，直到奶浆变得黏稠。将锅拿开，将椰子卡士达酱用烘焙用纸盖上，放在一旁冷却。

3 将挞皮面团平均分成4份。将其中四分之一放在撒过粉的圆形模具中，将面团铺满整个模具底和边缘。修剪掉面团多余的边缘部分。在面皮底部用叉子戳一些小孔，放在烤盘上。重复此操作，处理好其余的面团。冷藏30分钟。

4 在挞底表面铺上烘焙用纸，轻轻压实。烘烤5分钟，将纸取走，再烘烤5分钟。放在一旁冷却。

5 在一个小的、干燥的平底煎锅中，用中火将椰蓉稍微烤一下，时常翻动一下锅。将挞底从模具中取出。在食用的1小时之前，用勺子将冷却了的椰子卡士达酱舀进挞底并冷却1小时。最后将烤过的椰蓉撒在上面即可食用。

蜜糖果仁千层酥

这款甜点是中东地区的特色甜食，中间夹有切碎的坚果和香料，用蜂蜜糖浆浸透，一直以来都是当地人的最爱。

•成品数量：36块

•准备时间：50~55分钟
•制作时间：1小时15分钟~1小时30分钟

•所需工具：30厘米×40厘米深底烤盘；糖艺温度计（可选用）

原料

250克去壳的无盐开心果仁，稍微切碎
250克核桃，稍微切碎
250克幼砂糖
2茶匙肉桂粉
一撮丁香粉
500克袋装千层酥皮
250克无盐黄油，额外准备一些用于润滑
250毫升蜂蜜
一个柠檬，榨汁
3汤匙橘花水

1 准备3~4汤匙的开心果仁碎用于装饰。将其余的开心果放在碗中，加入核桃，50克糖，肉桂粉和丁香粉。搅拌均匀。

2 将烤箱预热到180℃。在台面上铺一条潮湿、干净的毛巾，将千层酥皮放在上面擀制，在酥皮上再盖一条湿毛巾。在小深底锅中融化黄油。用一点黄油在模具表面涂抹润滑，然后铺上一层酥皮。

3 在酥皮上涂一层黄油，轻轻按压酥皮，使其铺满模具的所有边角。在上面再盖一层酥皮，涂黄油，按前述方法将酥皮压实，一直用掉三分之一的酥皮。将一半量的坚果撒在酥皮的顶层。将其余的酥皮按前述方法进行处理。用刀修剪掉多余的酥皮。刷一层黄油，将剩余的黄油倒在顶上。

4 用一把小刀沿着对角线切入1厘米深，在酥皮上切出一个菱形。切割时不要用力压。在烤箱底层烘烤1小时15分钟至1小时30分钟，直到酥皮变成金黄色，拔出插入的竹签时是干净的。

5 制作糖浆，将剩余的糖和250毫升水倒进平底锅中，加热直到完全融化，时常搅拌一下。加入蜂蜜搅拌均匀。继续煮沸25分钟，期间不要搅拌，直到糖浆变成软球状态（译者注：软球状态是指糖浆温度处于112~116℃之间，糖的浓度在85%左右，此状态下的糖浆滴入水中不会消失，而是呈现出柔软的球形。）如果没有糖艺温度计的话，将锅从热源上移开，将勺子插入糖浆。让糖浆冷却2~3秒后，用手指捻起一点糖浆，糖浆会在手指上形成一个小球。加热完成后，将糖浆从热源上移开，冷却到温热状态。加入柠檬汁和橘花水。将模具移出烤箱，立即将糖浆淋上去。

6 用刀划出标记线，让酥饼冷却一下。再将酥饼用到完全切开。小心地用抹刀把酥饼取出，再在酥饼上面撒上一些切碎的开心果仁。

甜杏丹麦包

最好在头一天晚上就制作好酥皮，这样酥皮在早晨经过30分钟的醒发，很快就能烤好，你可以边喝咖啡一边吃着新鲜出炉的丹麦包。

• 成品数量：18块

• 准备时间：30分钟，未计入冷却和醒发时间
• 制作时间：15~20分钟

• 冷冻保藏期：最长4周

原料

150毫升温牛奶
2茶匙干酵母
30克幼砂糖
2个鸡蛋，额外准备一个鸡蛋，打散，用于涂刷
475克高筋白面粉，过筛，额外准备一些用于撒粉
半茶匙盐
植物油，用于润滑
250克冷藏的黄油

制作夹心

200克杏子酱
2罐400克的甜杏罐头

1 将牛奶、酵母和1汤匙糖混合在一起。盖上盖子放置20分钟，打入鸡蛋。将面粉、盐和剩余的糖放在一个碗中。在酵母混合物的中间挖一个凹陷，将干性物料倒进去，揉成一个柔软的面团。在撒过粉的台面上揉制15分钟直到面团变得柔软。将面团放进涂过油的碗中，用保鲜膜盖上，放进冰箱冷藏15分钟。

2 在撒过粉的台面上，将面团擀成25厘米×25厘米的正方形。将黄油切成3~4片，每片尺寸约为12厘米×6厘米×1厘米。将黄油放在面团的一半的位置，留出1~2厘米的边缘。将另一半面团叠放到上面，用擀面杖将缝隙压实。

3 在面团上稍微撒一点面粉，将面团擀成长方形，长边长度约为短边的3倍，厚度约1厘米。将顶部的三分之一折到中间，然后将底部的三分之一叠到最上层。用保鲜膜包好冷藏15分钟。重复擀制和折叠操作2次，每次中间冷藏15分钟。将面团的一半在撒过粉的台面上擀成30厘米的正方形。修剪边缘，切出9块10厘米的正方形。对剩余的面团也做同上的处理。

4 如果需要的话，把杏子酱打碎成光滑的泥。将一勺酱舀在方形面皮上，边缘留出1厘米的空隙。将两瓣甜杏稍微修整一下，如果果肉太厚了需要削去一部分。在正方形的两个对角各放上一瓣甜杏。提起面皮的另外两个对角，向中间折叠，折起的部分应该部分盖住甜杏的一部分。重复以上操作处理所有面皮。将处理过的面团放在垫好纸的烤盘上，用保鲜膜盖好，在温暖的地方醒发30分钟，直到面团涨起。

5 将烤箱预热到200℃。在面团表面涂刷上蛋液，在烤箱上层烘烤15~20分钟直至呈现金黄色。将剩余的杏子酱涂刷在丹麦包表面。冷却5分钟后，转移到冷却架上。

西班牙吉事果

这款点心来源于西班牙，上面撒有肉桂粉和糖，且只需几分钟就可以做好。你可以试试用它蘸热巧克力食用。

• 成品数量：可供2~4人食用

• 准备时间：10分钟
• 制作时间：5~10分钟

• 所需工具：油温温度计，裱花袋和2厘米裱花嘴

原料

25克无盐黄油
200克普通面粉
50克幼砂糖
1茶匙泡打粉
1升葵花籽油，用于油炸
1茶匙肉桂粉

1 用量杯称出200毫升开水。加入黄油搅拌直到融化。在一个碗中筛入面粉、一半的糖和泡打粉。在中心挖出一个凹陷，轻轻将热黄油倒进去，持续搅拌，直到得到浓稠的酱料；无需使用所有的液体。将混合物放置5分钟冷却。

2 在一个厚底深底锅中倒入至少10厘米深的油，加热到170~180℃。将锅盖放在手边，时刻注意油温。注意控制温度稳定，否则吉事果会在油锅中炸焦。

3 将冷却后的混合物装入裱花袋。向油锅中挤入7厘米长度的面团，用剪刀将面团末端剪断。不要一次在锅中放入过多面团，否则油温会迅速下降。每面过油炸1~2分钟，当颜色变成金棕色时翻面继续炸。炸透之后，用漏勺将吉事果从锅中取出，用厨房用纸将表面的油吸干。放置冷却一下。

4 将剩余的糖和肉桂粉在盘子中混合，撒在尚有余温的吉事果表面。在食用之前最好放置冷却5~10分钟。

泡芙塔

在泡芙酥皮中注满奶油，再在上面淋上巧克力酱，这款泡芙塔绝对是一款能够让人身心愉悦的甜品。

•成品数量：4份

•准备时间：20分钟，未计入冷却时间
•制作时间：22分钟

•所需工具：2个裱花袋，分别搭配1厘米的裱花嘴和5毫米的星形裱花嘴

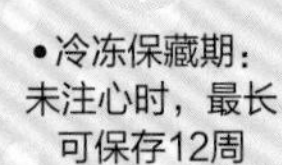

•冷冻保藏期：未注心时，最长可保存12周

原料

60克普通面粉
50克无盐黄油
2个鸡蛋，稍微打散

制作注心和浇汁
400毫升浓奶油
200克高品质黑巧克力，切成碎片
25克黄油
2汤匙金黄糖浆

1 将烤箱预热到220℃。准备两个垫好烘焙用纸的烤盘。在一个大碗中筛入面粉。

2 将黄油和150毫升的水放进小的深底锅中，小火加热直到黄油融化。继续加热煮沸后，移开热源，然后马上加入所有的面粉。用木勺把混合物搅拌成一个光滑的球形，冷却10分钟。少量多次加入鸡蛋，每次加入都要搅拌均匀。继续加入鸡蛋，一次加入一点点，最终形成硬挺、光滑有光泽的酱料。

3 将混合物装入配好裱花嘴的裱花袋中。挤出核桃般大小的圆形，中间留有适当的距离。烘烤20分钟直到面糊膨胀并变成金黄色。将烤盘移出烤箱，在每个泡芙酥皮表面切一个小口，让蒸汽逸散出去。重新放进烤箱烘烤2分钟，将泡芙皮烤至酥脆，然后将烤盘放到冷却架上完全冷却。

4 在食用之前，在平底锅中倒入100毫升奶油，将剩余的奶油打发至可以提出尖峰。向平底锅的奶油中加入巧克力、黄油和糖浆，小火加热至融化。将打发的奶油装入配有星形裱花嘴的裱花袋中。向泡芙酥皮上的孔中注入奶油。将泡芙摆放在餐盘或蛋糕架上。在泡芙上面淋上酱料，然后即可食用。

奶油甜馅煎饼卷

这款点心起源于意大利西西里地区。它口感酥脆，里面充满了水果蜜饯和意式乳清奶酪。

•成品数量：16个

•准备时间：30分钟，不含冷却时间
•制作时间：20分钟

•所需工具：油温温度计，煎饼卷模具，裱花袋和裱花嘴（可选用）

•冷冻保藏期：未经油炸时，最长12周

原料

175克普通面粉，额外准备一些用于撒粉
一小撮盐
60克黄油
45克幼砂糖
1个鸡蛋，打散
2~3汤匙干白葡萄酒或马尔萨拉葡萄酒
1个蛋白，轻轻打散
1升葵花籽油，用于油炸

制作馅料

60克黑巧克力，磨碎或细细切碎
350克意式乳清奶酪
60克糖粉，额外准备一些用于撒粉
一块橙皮，细细磨碎
60克切碎的水果蜜饯或者糖渍的柑橘类果干

1 制作外皮，在一个碗中筛入面粉和盐，加入黄油搅拌。加入糖、鸡蛋和足够的酒，揉制成光滑的面团。

2 将面团擀薄，并切成16块边长约7.5厘米的正方形。在煎饼卷模具表面撒粉，将面皮沿对角线轻轻卷起，在边缘刷上蛋液，轻轻将接缝处压实。

3 在大的厚底深底锅中加入10厘米深的油，加热到180℃。将锅盖放在手边，时刻注意油锅的状况，将面皮油炸3~4分钟直到变成金黄色、质地酥脆。捞出后用厨房用纸吸干表面的油，冷却到可以用手握持的温度，小心地转动金属管，从酥皮中取出。用同样方式再炸另外三批面皮。

4 制作馅料，将所有原料混合在一起。当面皮凉了之后，用裱花袋或勺子将馅料注入孔中。最后撒上糖霜，即可食用。

柑橘马卡龙

这款马卡龙使用了比橙子味道更为浓烈刺激的柑橘，与蛋白霜的口感形成互补。

•成品数量：20块

•准备时间：30分钟
•制作时间：18~20分钟

•所需工具：裱花袋和小号普通裱花嘴

原料

100克糖粉
75克杏仁粉
1茶匙细细磨碎的柑橘皮
2个大鸡蛋取蛋白，室温存放
75克砂糖
3~4滴橙色食用色素

制作夹心
100克糖粉
50克无盐黄油，室温软化
1汤匙柑橘汁
1茶匙细细磨碎的柑橘皮

1 将烤箱预热到150℃。准备2个垫好烘焙用纸的烤盘。用铅笔在纸上画出直径3厘米的圆，每个圆中间留出3厘米的间隙。将糖粉和杏仁粉放入装有刀扇叶片的搅拌机中细细打成粉末，加入柑橘皮搅拌均匀。

2 在一个碗中将蛋白打发至可以提出硬挺的尖峰。加入砂糖，一次加入一点点，每次加入都搅拌均匀，加入食用色素搅拌均匀。

3 将杏仁混合物加入糖霜，一次加入一勺。将面糊装入裱花袋。竖直握持裱花袋，将糖霜挤到每个圆形的中间。

4 在烤箱中层烘烤18~20分钟直到表面变硬。将马卡龙在烤盘中冷却15~20分钟然后转移到冷却架上完全放凉。

5 制作夹心，将糖粉、黄油、柑橘汁和柑橘皮放在一起，打成光滑的糊状。将夹心装入配有相同裱花嘴的、干净的裱花袋中。在半边马卡龙外壳的表面挤上一些糖霜，然后盖上另外一半。最好在做好的当天食用，否则马卡龙会吸潮变软。

勃朗峰蛋糕

如果你使用的是甜栗子泥，那么可以省略掉夹心配方中的幼砂糖。

• 成品数量：8块

• 准备时间：20分钟
• 制作时间：45~60分钟

• 所需工具：大号金属搅拌碗，10厘米面团切割器

原料

4个蛋白，室温存放
约240克幼砂糖
葵花籽油，用于润滑

制作夹心

435克罐装的栗子泥或甜栗子泥
100克幼砂糖（可选用）
1茶匙香草精
500毫升浓奶油
糖粉，用于撒粉

1 将烤箱温度设置到最低，约120℃。将蛋白放到一个干净的大碗中，直到搅拌头可以提出坚挺的尖峰。慢慢加入2汤匙糖，每次加入都搅拌均匀，直到加入至少一半的糖。将剩余的糖轻轻加入蛋白，让打发的蛋白中的空气流失越少越好。

2 将面团切割器用油润滑。准备两个垫好烘焙用纸的烤盘。将切割器放在烤盘上，用勺子将蛋白酥面糊舀到切割器中，高度约3厘米。将顶部涂抹平整，轻轻将切割器移走。重复操作，在烤盘上做出4个蛋白酥底。

3 将蛋白酥放进烤箱中层烘烤，如果想要有一些嚼劲的话，烘烤45分钟，否则需要烘烤1小时。关掉烤箱，让蛋白酥在烤箱里冷却一下，防止碎裂。将蛋白酥移到冷却架上完全冷却。

4 将栗子泥放在碗中，加入幼砂糖（如果需要的话）、香草精和4汤匙浓奶油，搅拌至光滑。将混合物从细孔滤网中推过，得到细腻、蓬松的夹心。在另一个碗中，将浓奶油打发到硬挺。

5 将1勺栗子泥舀在蛋白酥表面，用抹刀把表面抹平。在每个蛋糕顶上都抹上一层打发的奶油，用抹刀将边缘抹平，做出类似山峰一样的外观。最后撒上糖粉，即可食用。

杏仁牛角包

黄油、糖和杏仁碎组成的美味馅料赋予了这款丹麦包轻盈、酥脆的口感。

• 成品数量：18

• 准备时间：30分钟，不含冷却和醒发时间

• 制作时间：15~20分钟

• 冷冻保藏期：最长4周

原料

150毫升温牛乳
2茶匙干酵母
30克幼砂糖
2个鸡蛋（额外准备一个鸡蛋）打散，用于涂刷
475克高筋白面粉，过筛，额外准备一些用于撒粉
半茶匙盐
植物油，用于润滑
250克冷藏的黄油
糖粉，用于撒粉

制作杏仁酱

25克无盐黄油，室温软化
75克幼砂糖
75克杏仁碎

1 将牛奶、酵母和1汤匙糖混合在一起。盖好放置20分钟，然后打入鸡蛋。将面粉、盐和剩余的糖放入碗中，挖出一个凹槽，将酵母混合物倒进去。将所有原料搅拌成一个柔软的面团。在撒过粉的台面上揉制15分钟直到面团变软。将面团放在涂过油的碗中，盖好保鲜膜，冷藏15分钟。

2 在撒过粉的台面上，将面团擀成25厘米×25厘米的正方形。将黄油切成3~4片，每片尺寸约为12厘米×6厘米×1厘米。将切片的黄油放在面团一半的位置上，在边缘留出1~2厘米的间隙。将另一半面皮叠盖在上面，将边缘的接缝处用擀面杖轻轻压实。重新撒粉、将面团擀制成1厘米厚的方形面皮，重复三次。将顶部的三分之一折到中间，然后将底部的三分之一叠到最上层。用保鲜膜包好冷藏15分钟。重复擀制和折叠操作2次，每次中间冷藏15分钟。

3 将烤箱预热到200℃。将面团在撒过粉的台面上擀成30厘米的正方形。将边缘修剪整齐，切出9块10厘米的正方形。重复以上操作处理剩余的面团。

4 制作杏仁酱，将黄油和幼砂糖打成糊状，加入杏仁碎搅拌至光滑。将酱料分成18个小球形。将酱料擀成香肠形状，长度比面团的长度要短一些。将一段酱料放在方形的一端，在酱料与边缘之间留出2厘米的缝隙。轻轻压实。

5 将没有酱料的一端面皮刷上蛋液，将面皮卷起并压实。用刀在面皮的表面向接缝的方向切出4个深约1~2厘米的口子。放到垫有烘焙用纸的烤盘中。在酥皮外面刷上蛋液，放进烤箱上层烘烤15~20分钟，烤至颜色呈金黄色。冷却，在表面撒上糖粉，即可食用。

肉桂卷

如果你喜欢的话，也可以将面团在冰箱存放过夜，在第二天早晨现烤并作为早餐。

•成品数量：10~12块

•准备时间：40分钟，不含醒发和放置的时间
•制作时间：25~30分钟

•所需工具：30厘米圆底蛋糕模

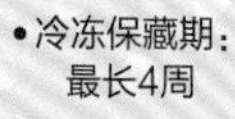

•冷冻保藏期：最长4周

原料

120毫升牛奶
100克无盐黄油，额外准备一些用于润滑
2茶匙干酵母
50克幼砂糖
550克普通面粉，过筛，额外准备一些用于撒粉
1茶匙盐
1个鸡蛋，另外准备2个蛋黄
植物油，用于润滑

制作馅料和表皮酱料

3汤匙肉桂粉
100克浅色红糖
25克无盐黄油，融化
1个鸡蛋，稍微打散
4汤匙幼砂糖

1 在平底锅中将120毫升水、牛奶和黄油一起加热至黄油融化。放置冷却。当温度降低到温热的时候，加入干酵母和1汤匙糖搅拌，加盖放置10分钟。在一个大碗中加入面粉、盐和剩下的糖。在面粉混合物的中间挖出一个凹陷，将温热的牛奶混合物倒进去。

2 搅拌鸡蛋和蛋黄，并加入到混合物当中。将混合物揉成一个粗糙的面团。在撒过粉的台面上揉制10分钟。如果面团太黏的话就再加入一点面粉。将面团放进涂过油的碗中，覆盖上保鲜膜，放在温暖的地方醒发2小时直到面团膨胀。

3 制作馅料，将2汤匙肉桂粉和红糖混合在一起。当面团醒发好之后，放在撒过粉的台面上，擀成40cm×30cm的长方形面皮，并刷上融化的黄油。在面皮表面铺上馅料。在边缘留出1cm的空隙，在空隙处涂上蛋液。

4 用手掌将馅料轻轻压实，让馅料与面皮紧密贴合。将面团向边缘的方向卷起，注意不要卷得太紧。用锯齿刀将面团平均切成10~12块，注意用力方向，不要把面团切变形。将切好的面团盖起来，放置醒发1~2小时直到面团膨胀。

5 将烤箱预热到180℃。在面团表面刷上蛋液，进烤箱烘烤25~30分钟。调配表皮涂料，在3汤匙水中加入2汤匙糖，加热融化，涂刷在肉桂卷表面。将剩余的幼砂糖和肉桂粉混合在一起，撒在肉桂卷表面。最后将肉桂卷移至冷却架上冷却。

香梨千层酥饼

它是聚会上大家都很喜欢的一款甜品，入口能够感觉到冷热两种温度的碰撞，并且只需要花很少的时间进行制作。

•成品数量：8块

•准备时间：35~40分钟，不含冷藏时间

•制作时间：30~40分钟

原料

450克现成的千层酥皮
1个鸡蛋，加入半茶匙盐打散，用于涂刷
4个香梨
一个柠檬榨汁
50克糖

制作焦糖酱
150克幼砂糖
125毫升浓奶油

制作奶油层
125毫升浓奶油
1~2茶匙糖粉
半茶匙香草精

1 准备两个烤盘，撒上冷水。将酥皮擀开，沿纵向切成两半，然后从对角线间隔10cm沿着长边切出8个菱形。放入烤盘，刷上鸡蛋和盐的混合物。用刀尖在每块面皮周围划出边界。放进冰箱中冷藏15分钟。

2 将烤箱预热到220℃。将烤盘放进烤箱烘烤15分钟，直到面皮颜色变成棕色，然后将温度降低到190℃，继续烘烤20~25分钟直到颜色变成金黄色，面皮变脆。移到冷却架上，去掉烤盘的盖子，取出未烤熟的酥皮。

3 制作焦糖酱，在深底锅中放入120毫升水，在水中将糖溶化。不要搅拌，直到糖浆变成金黄色时，降低温度。将锅从热源移开，稍等片刻，加入奶油。再用小火加热到焦糖融化。放置冷却。

4 制作奶油层，将奶油倒入碗中，打发至可以提出柔软的尖峰。加入糖粉和香草精，继续搅拌直至可以提出硬挺的尖峰。放进冰箱冷藏。

5 将烤盘润滑好，预热烤箱。将香梨削皮去核，沿着纵向切成薄片。将梨片放进烤箱，刷上柠檬汁，撒上糖，烘烤至颜色变成焦糖色。

6 将酥皮放在餐盘中，将奶油和一片梨放在上面。在每块千层酥上淋一点冷的焦糖酱，焦糖酱要盖住酥皮顶部的一部分。

甜杏三角酥

这款三角酥适合在很多场合享用，制作方法并不像你想象的那么难。其中的馅料是用甜杏和多种香料混合制成的。

•成品数量：约24块

•准备时间：35~40分钟
•制作时间：30~40分钟

•冷冻保藏期：最长4周

原料

500克甜杏
一块柠檬皮
200克幼砂糖
1茶匙肉桂粉
一小撮肉豆蔻粉
一小撮丁香粉
225克袋装酥皮
175克无盐黄油

1 制作甜杏夹心，将甜杏沿着核切开。用双手握住杏，用力掰开。用刀挖出果核，丢弃。将杏肉切成4~5片。将半块柠檬皮磨碎放在盘子中。

2 在深底锅中放入甜杏、柠檬皮、四分之三的糖、肉桂粉、丁香粉和肉豆蔻粉。加入2汤匙水。稍微加热，时常搅拌一下，加热20~25分钟直到混合物变成浓稠的酱汁。倒入碗中，放置冷却。

3 将烤箱预热到200℃。将一块干净的湿毛巾放在操作台上，将酥皮放在毛巾上摊开，然后沿纵向切成两半。再拿一块湿毛巾盖上。

4 在小平底锅中融化黄油。取一半酥皮横向放在操作台上。将酥皮的左边一半刷上黄油，将另外一半叠放在上面。在折成的条状酥皮上也刷上黄油。

5 舀1~2茶匙冷却后的馅料放在条形酥皮上，抹成约2.5厘米的长条状。不要在酥皮上放太多的甜杏馅料，否则馅料会在烘烤时烧糊。将条形酥皮的一角折向另一边，做成一个三角形，将馅料包在里面。将折好的酥皮平铺在烤盘中，用干净的湿毛巾盖上。请确认已经将接缝处捏实，不要让馅料从缝隙处漏出来。

6 继续处理其余的酥皮，包上馅料，放在烤盘中，用湿毛巾盖好。在酥皮表面刷上黄油，撒上剩余的糖。烘烤12~15分钟直到酥皮变得金黄酥脆。用抹刀将烤好的三角酥移动到冷却架上，稍微冷却至温热，即可食用。

葡式蛋挞

这款一口即可吞下的酥皮点心是葡萄牙人最爱吃的食物之一。

•成品数量：16个

•准备时间：30分钟
•制作时间：20~25分钟

•所需工具：16孔玛芬蛋糕模具

原料

30克普通面粉，额外准备一些用于撒粉
500克市售千层酥皮
500毫升牛乳
1根肉桂条
1大块柠檬皮
4个蛋黄
100克幼砂糖
1汤匙玉米面粉

1 将烤箱预热到220℃。在撒过粉的工作台上，将酥皮擀成40cm × 30cm的长方形。将酥皮从长边卷起，卷成圆筒状。切掉末端。将酥皮按相同尺寸切成16块。

2 取一块切好卷起的酥皮，将它下面松弛的部分拉伸平整。将酥皮轻轻卷成一个直径约10cm的小圆筒，翻转一次确保烤好的挞皮能够形成自然的褶皱。你可以在浅底的碗中留下几块酥皮。用拇指将酥皮压进模具中，确保酥皮与模具的轮廓完全契合。用叉子在底部轻轻戳几个孔。重复以上步骤处理剩余的酥皮。制作蛋挞心的时候，将做好的酥皮放进冰箱。

3 在一个厚的深底锅中将牛奶、肉桂条和柠檬皮一起加热。当牛奶煮沸时，将锅从热源上移开。

4 在一个碗中，将蛋黄、糖、面粉和玉米淀粉在一起搅拌，直到形成浓稠的糊状。将肉桂条和柠檬皮从热牛奶中取出，将牛奶慢慢倒进蛋黄混合物中，保持搅拌。将混合物重新放进平底锅中，用中火加热，持续搅拌直到变得更加黏稠，然后马上关火。

5 向每个酥皮中注入三分之二满的蛋挞糊，在烤箱上层烘烤20~25分钟直到蛋挞糊开始膨胀，表面出现黑斑。移出烤箱并放置冷却。蛋挞糊会慢慢凹下去，这是很正常的现象。食用之前应该放置至少10~15分钟。

巧克力香橙泡芙塔

橙子和巧克力是一种常见的经典搭配，加入其中的橙子力娇酒，更能够为泡芙带来非常醇厚的风味。

•成品数量：6个

•准备时间：20分钟
•制作时间：35~40分钟

•所需工具：裱花袋和小号裱花嘴（可选用）

•冷冻保藏期：未注心时最长12周

原料

50克黄油，额外准备一些用于润滑
100克普通面粉
2个大鸡蛋，稍微打散

制作巧克力酱

150克黑巧克力，切成碎片
300毫升稀奶油
2汤匙金黄糖浆
1汤匙金万利酒

制作注心

500毫升浓奶油
一大块橙皮
2汤匙金万利酒

1 将烤箱预热到220℃。准备两个烤盘用黄油润滑好。在平底锅中加入300毫升的水，放入黄油融化。混合物即将煮沸时，移开热源，加入面粉。用木勺将混合物搅拌成浓稠光滑的面糊，并从锅中倒出。少量多次加入鸡蛋，持续搅拌至混合物变得浓稠有光泽，且可以很流畅地从勺子上滴落。

2 用裱花袋或勺子挤出12个球形，将它们分开排列在烤盘中。烘烤15~20分钟直到泡芙皮涨起，然后将温度降低到190℃，继续烘烤25分钟直到泡芙皮变得金黄松脆。移出烤箱，在侧面开一个孔，让蒸汽逸散掉。重新将烤盘放回烤箱中放置2~3分钟，让泡芙皮的中心变得干燥，转移到烤盘上完全冷却。

3 制作巧克力酱，在小平底锅中放入巧克力、奶油、糖浆和金万利酒一起，将巧克力融化，将混合物搅拌至光滑的状态，放在一旁。制作注心，将奶油、橙皮和金万利酒在碗中打发至可以提出柔软的尖峰。用裱花袋或茶匙将注心充入泡芙当中，最后将热巧克力淋在泡芙塔上即可食用。

豆蔻卡士达酥挞

这款口感酥脆的点心内部充满了风味可口的卡士达酱，非常适合作为中东地区特色宴会的餐后甜品。最好能够在制作的当天品尝。

•成品数量：6块

•准备时间：15分钟
•制作时间：15~20分钟

•所需工具：6孔深底（6厘米）玛芬蛋糕模具

原料

制作馅料
225毫升全脂牛奶
150毫升浓奶油
6颗豆蔻干籽，磨碎
普通面粉，用于撒粉
2个鸡蛋
30克幼砂糖
糖粉，用于撒粉

制作酥皮
3叠市售千层酥皮
25克无盐黄油，融化

1 将烤箱预热到190℃。在一个厚底深底锅中加热牛奶、豆蔻干籽，煮至沸腾。移开热源，让豆蔻籽泡在牛奶中。

2 在撒过粉的台面上，放上一叠千层酥皮。在表面刷上一点融化的黄油，在上面再叠一层。在第二层酥皮上刷上更多的黄油，再盖上第三层酥皮。将酥皮均匀切成6块。

3 在玛芬蛋糕模的内部刷上一层融化的黄油。将一片切好的酥皮放在模具中，轻轻按压让酥皮完全贴合模具。酥皮应该稍有褶皱且露出模具外面一部分。重复上述步骤处理其余的酥皮。在酥皮边缘刷上黄油，用干净的湿毛巾将模具盖起来。

4 制作卡士达酱，将牛奶混合物用中火重新加热，但不要煮沸。将鸡蛋和糖粉在一个大碗中搅拌。将牛奶混合物倒入打发的鸡蛋和奶油中，通过滤网，滤出豆蔻籽。将混合物拌匀，倒入量杯中。

5 将卡仕达酱倒入挞底中，放入烤箱烘烤15~20分钟，直到挞皮边缘变得酥脆，卡仕达酱定型为宜。在模具中冷却10分钟之后，移到冷却架上完全冷却。在食用之前在产品表面撒上一点糖粉。

苹果杏仁格雷派

这款优雅且美味的馅饼其实是非常容易制作的。上面撒着的糖在苹果的基础口感上增添了一些焦糖的味道。

• 成品数量：6块

• 准备时间：25~30分钟，不含冷藏时间
• 制作时间：20~30分钟

原料

普通面粉，用于撒粉
600克现成千层酥皮
215克杏仁膏
1个柠檬
8个小的味道很浓的甜点苹果（译者注：与烹饪用苹果相对，这种苹果可以生食。和其他品种的苹果相比，甜点苹果甜度较高且具有更为芳香的味道）
50克砂糖
糖粉，用于撒粉

1 在撒过粉的台面上，将酥皮擀成35厘米的正方形，厚度约3毫米厚。用直径15厘米的盘子作为参照，从酥皮上切出4个圆形。在2个烤盘上洒上水，将4片圆形酥皮放在烤盘上，用叉子扎一些孔，注意不要在酥皮的边缘扎孔。重复以上步骤处理其他的酥皮，冷藏15分钟。将杏仁膏分成8块，把每块都卷成球形。

2 在操作台上垫一张烘焙用纸。将一块杏仁膏放在台面上，在上面再盖上一张纸。将夹在两张纸中间的球形杏仁膏擀成12厘米的圆形。将擀好的杏仁膏放在一片酥皮上，边缘留出1厘米的空隙。重复以上步骤处理所有的杏仁膏和酥皮。冷藏，待烤。

3 将柠檬切成两半，将其中一半在一个小碗中挤出汁。将苹果去皮、去核并切成薄片。将苹果片放在柠檬汁中完全浸泡。

4 将烤箱预热到220℃。将苹果片以一片叠在另一片的部分之上，呈螺旋式地铺在酥皮上。在酥皮边缘留下一些空隙。烘烤15~20分钟直到酥皮胀起，杏仁膏呈浅浅的金黄色。在苹果上均匀撒上糖粉。

5 将派重新放回烤箱烘烤5~10分钟，直到苹果中间烘烤成金棕色，边缘出现焦糖色，苹果依然柔软（可用小刀轻轻戳一下测试）。将派放到餐盘中，在上面撒上一些糖粉，即可马上食用。

巧克力面包

这款金黄、酥脆的面包卷刚刚出炉时冒着热气，同时还有融化的巧克力从里面渗出，是最适合在周末品尝的面包之一。

•成品数量：8块

•准备时间：1小时，不含冷却和醒发时间
•制作时间：15~20分钟

•冷冻保藏期：未烘烤时最长4周

原料

300克高筋白面粉，额外准备一些用于撒粉
半茶匙盐
30克幼砂糖
2.5茶匙干酵母
植物油，用于润滑
250克无盐黄油，冷藏
1个鸡蛋，打散，用于涂刷

制作馅料

200克黑巧克力

1 将面粉、盐、糖和酵母放到一个大碗中，搅拌均匀。少量多次加入温水，边加水边用餐刀搅拌，直到形成一个柔软的面团。在撒过粉的台面上用手将面团揉至有弹性的状态。将面团放在涂过油的碗中，盖好保鲜膜，在冰箱中冷藏1小时。

2 将面团擀成30厘米×15厘米的长方形。将冷藏的黄油用擀面杖擀薄至1cm厚。将黄油放在面团中心，将面团叠起来，冷藏1小时。

3 将面团在撒过粉的台面上擀成30厘米×15厘米的长方形。将右边的三分之一折起叠到中间的位置，将左边的三分之一折起叠放到最上层。冷藏1小时至面皮变硬。重复以上擀皮、折叠的动作，中间冷藏两次。用保鲜膜包起来，冷藏过夜。

4 将面团切割成等大的4块，将每块面团擀成长方形，尺寸约10厘米×40厘米。将每块长方形酥皮切成两块，尺寸约10厘米×20厘米。将巧克力切成16块等大的条状。两条100克的巧克力可以切成8条。在每块酥皮三分之一和三分之二处沿长边做上记号。

5 将一块巧克力放在三分之一的标记处，将酥皮沿短边折到三分之二的标记处。将第二块巧克力放在折起的酥皮上，边缘贴合酥皮上三分之二的标记，然后在旁边刷上蛋液，将最后三分之一的酥皮折到顶部，做成三层的酥皮，在每两层之间都夹有巧克力。将接缝处压实，防止烘烤时融化的巧克力从侧面渗漏出来。

6 将烤盘垫好烘焙用纸，将面包面团放进烤盘，盖上盖子放在温暖的地方放置1小时直到面团体积膨胀至原来的2倍。将烤箱预热到220℃。在面团表面刷上蛋液，烘烤10分钟，然后将温度降到190℃。再烘烤5~10分钟直到颜色变成金黄色。

十字面包

这款面包的外皮美味、松脆，内部充满了水果和香料的馅。它是一款复活节的传统面包。

• 成品数量：10~12个

• 准备时间：30分钟，不含醒发时间

• 所需工具：裱花袋和裱花嘴

• 冷冻保藏期：最长4周

原料

200毫升牛奶
50克无盐黄油
1茶匙香草精
2茶匙干酵母
100克幼砂糖
500克高筋白面粉，过筛。额外准备一些用于撒粉
1茶匙盐
2茶匙混合香料
1茶匙肉桂粉
1个鸡蛋，打散，另外准备一个鸡蛋用于涂刷
150克混合水果干（葡萄干、无籽葡萄干和混合果丁）
植物油，用于润滑

制作酱料

3汤匙普通面粉
3汤匙幼砂糖

1 在平底锅中将牛奶、黄油和香草精在一起加热至黄油融化，冷却至温热。加入酵母和1汤匙糖搅拌。盖好盖子放置10分钟直到出现泡沫。

2 将剩余的糖、面粉、盐和香料放进碗中，加入鸡蛋搅拌，加入牛奶混合物揉成面团。在撒过粉的台面上揉制10分钟。将面团擀成长方形，撒上果干，再揉制均匀。

3 将面团放在涂过油的碗中，盖好保鲜膜，在温暖的地方放置1~2小时直到体积膨胀到2倍。将醒发的面团放在撒过粉的台面上，擀开，切成10~12块，然后将每块揉成球形。将面团放进两个垫好纸的烤盘中。用保鲜膜盖好烤盘，放置1~2小时。

4 将烤箱预热到220℃。在面团上涂刷上蛋液。制作酱料，将面粉和糖加水搅拌成有延展性的混合物。将混合物装进裱花袋然后在面团上挤出十字形。放入烤箱上层烘烤15~20分钟。出炉后移至冷却架上冷却15分钟。

杏仁可颂

这款内部有杏仁黄油馅料的面包，口感轻盈松脆，上面的杏仁片为面包增添了酥脆的口感。

•成品数量：12个

•准备时间：1小时，不含冷藏和醒发时间

•制作时间：15~20分钟

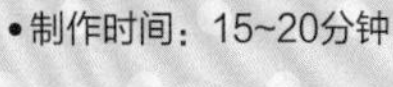

•冷冻保藏期：未烘烤时，最长4周

原料

300克高筋白面粉，额外准备一些用于撒粉
半茶匙盐
30克幼砂糖
2.5茶匙干酵母
植物油，用于润滑
250克无盐黄油，冷藏
1个鸡蛋，打散，用于涂刷
50克杏仁片
糖粉，用于撒粉

制作杏仁酱

25克无盐黄油，室温软化
75克幼砂糖
75克杏仁碎
2~3汤匙牛乳，可选用

1 将面粉、盐、糖和酵母放在一个大碗中，搅拌均匀。少量多次加入温水，一次加入一点，揉成柔软的面团。在撒过粉的台面上将面团揉至具有弹性的状态。将面团放回碗中，盖上涂过油的保鲜膜，冷藏1小时。

2 将面团揉成30厘米×15厘米的长方形。将切块的黄油用擀面杖擀成1厘米厚。将黄油放在面团的中心，将面团折起，冷藏1小时。

3 将面团在撒过粉的台面上擀成30厘米×15厘米的长方形。将右边三分之一折到中间，再将左边三分之一叠放到顶层。冷藏1小时至面皮变硬。再重复两次擀扁、折叠冷藏的操作。最后用保鲜膜将面团包好，冷藏过夜。

4 制作杏仁酱，将黄油和糖在一起搅拌，再加入杏仁碎搅拌。将一半的面团在撒过粉的台面上擀成12厘米×36厘米的长方形。从上面切出3块12厘米的正方形，沿对角线切出6个三角形。重复上述操作处理剩余的面团。

5 将一勺杏仁酱放在三角形面皮上，在两条长边的边缘各留出2厘米的空隙。在边缘的空隙处刷上蛋液。将面皮从长边向对边仔细地卷起来。准备两个垫好纸的烤盘，将面包放在烤盘中。盖上盖子，在温暖的地方放置1小时，直到面团尺寸膨胀到原来的2倍。

6 将烤箱预热到220℃。在面团上刷上蛋液，上面撒上杏仁片。烘烤10分钟，然后将温度降到190℃。再烘烤5~10分钟直到颜色呈金黄色。冷却，撒上糖粉后即可食用。

布里欧修面包

这款口感轻盈柔软的小面包在法国非常流行。

• 成品数量：10个

• 准备时间：45~50分钟，不含醒发时间
• 制作时间：15~20分钟

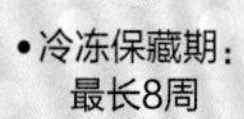

• 所需工具：10厘米×7.5厘米布里欧修面包模具

• 冷冻保藏期：最长8周

原料

2.5茶匙干酵母
2汤匙幼砂糖
5个鸡蛋，打散（额外准备1个鸡蛋，打散，用于涂刷）
375克高筋白面粉，额外准备一些用于撒粉
1.5茶匙盐，额外准备1.5茶匙，用于涂刷
植物油，用于润滑
175克无盐黄油，切块，室温软化。额外准备一些用于润滑

1 将酵母、1茶匙糖和2汤匙温水在一起搅拌。放置10分钟，加入鸡蛋。在一个大碗中，将面粉和盐筛入碗中，加入剩余的糖。在面粉混合物中间挖一个凹陷，将鸡蛋和酵母混合物倒进去。先用叉子搅拌，然后用手将混合物揉成黏稠的面团。

2 将面团放在撒过粉的台面上。揉制10分钟直到面团变得有弹性但依然黏稠。将面团放入涂过油的碗中，盖上保鲜膜。在温暖的地方放置2~3小时。

3 轻轻将面团在撒过粉的台面上擀开。将三分之一的切块黄油放在面皮表面。将面皮卷起，轻轻揉制5分钟。重复上述操作直到黄油与面团全部融合，面团上不能出现黄油形成的条纹。

4 将布里欧修模具用融化的黄油润滑，放在烤盘上。将面团切成两半。将一半面团擀成直径5cm的圆柱形，然后切成5片。重复以上步骤处理其余的面团，将每片面团擀成光滑的球形。

5 从每个球形面团上切下四分之一大小，作为布里欧修的头部，剩余的部分作为底部。将底部的面团放进模具中，再将头部放在底部上，轻轻压实。将面团用干净的湿毛巾盖住，在温暖的地方放置30分钟。

6 将烤箱预热到220℃。将蛋液和盐混合到一起，涂刷到布里欧修面团的表面。烘烤15~20分钟直到面包呈棕色。从模具中将面包取出，在冷却架上冷却。

索引

鸣谢

Dorling Kindersley would like to thank:

The recipe writers and cake decorators: Yvonne Allison, Ah Har Ashley, Anna Guest, Asma Hassan, Mrs J Hough, Carolyn Humphries, Tracy McCue, Sandra Monger, Juliet Monteforte, Amelia Nutting, Catherine Parker, Jean Piercy, Emma Shibli, Karen Sullivan, Penelope Tilston, and Galina Varese.
Photographers: Steve Baxter, Clive Bozzard-Hill, Martin Brigdale, Tony Cambio, Nigel Gibson, Francesco Guillamet, Michael Hart, Adrian Heapy, Jeff Kauck, David Munns, David Murray, Ian O'Leary, Roddy Paine, William Reavell, Gavin Sawyer, William Shaw, Howard Shooter, Carole Tuff, Kieran Watson, Stuart West, and Jon Whitaker.

Michele Clarke for the index.

Lakeland for the donation of equipment.